名师精析导读

森林报

(苏) 维·比安基◎著
高文娟◎编译

应急管理出版社
·北京·

图书在版编目（CIP）数据

森林报／（苏）维·比安基著；高文娟编译．--北京：应急管理出版社，2021（2023.6 重印）

（名师精析导读）

ISBN 978-7-5020-8605-3

Ⅰ.①森… Ⅱ.①维… ②高… Ⅲ.①森林—儿童读物 Ⅳ.①S7-49

中国版本图书馆 CIP 数据核字(2021)第 002780 号

森林报（名师精析导读）

著　　者　（苏）维·比安基
编　　译　高文娟
责任编辑　高红勤
封面设计　松　雪

出版发行　应急管理出版社（北京市朝阳区芍药居 35 号　100029）
电　　话　010-84657898（总编室）　010-84657880（读者服务部）
网　　址　www. cciph. com. cn
印　　刷　唐山玺鸣印务有限公司
经　　销　全国新华书店

开　　本　880mm×1230mm 1/32　**印张**　5　**字数**　100 千字
版　　次　2021 年 9 月第 1 版　2023 年 6 月第 2 次印刷
社内编号　20201618　　**定价**　28. 80 元

快乐读书吧！

顾明远

读书可以得到乐趣，养成读书的习惯，可以不断地获取人类知识宝库中的珍宝。

读书可以与古人对话，使我们知道中华民族五千年的辉煌历史。

读书可以使我们知道从哪里来的，走向哪里去。

读书可以提高我们的思想品位，培养思维，扩大视野，从书本走向大世界。

书籍引着我们人生的航向。　顾明远书

创作背景

作者维·比安基的父亲是俄罗斯著名的自然科学家，他从小就从父亲那里学会了怎样观察和记录自然。长大后在报刊上发表了许多关于自然的童话和小说，《森林报》是他的代表作。在他去世前，就已修订九版，深受读者的喜爱。

内容提要

作者极为擅长描写动植物生活，他以轻快的笔触、引人入胜的故事情节为我们报道了森林中的各种新闻，让我们了解动植物们的生活，以及它们的所喜所恶，它们心中的英雄和强盗。

微信二维码
情景朗诵，扫一扫，听一听。

快速阅读思维导图
快速了解内容，提高阅读兴趣。

夏季第一个月

鸟儿筑巢月

快速阅读思维导图

夏天是一年中白昼最长的季节	→	遥远的北极的太阳全天都不落 动物们建起了形式各样的房子 狐狸用诡计霸占了爱干净的獾的家 一个牧童发现一头小牛被咬死	→	有经验的猎人从脚印中发现凶手是猞猁

一年——分为十二个章节的太阳诗篇

> **知识拓展**
> 6月：6月有芒种和夏至两个节气。英文6月（June）一词源自罗马神话中的天后朱诺（Juno）。

6月，蔷薇花开，候鸟回家，夏天开始。这是一年中白昼最长的季节。

在遥远的北极，太阳全天不落，完全没有了黑夜。

潮湿的草地上，花儿在阳光下更加鲜艳夺目，金莲花、驴蹄草和毛茛等植物，把草地染得金灿灿的。

这个季节，在阳光充足的白天，人们纷纷外出采集有药用价值的草、茎和根，以备在患病时，能够

旁注
批注点评，视角新颖，扫除理解障碍。

经典形象

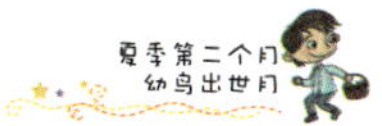

名师点拨

农业具有非常强的季节性。5月正是夏收时节，春播作物成熟了。用来收割这些作物的是拖拉机拖着的联合收割机。在机械收割出现之前，成熟的农作物如果不能及时收割并晒干就会霉烂。而要完成这一系列工作，往往需要大量的人力和适宜的气候条件，因此造成的损失也是很大的。完成夏收之后，还要抓紧时间进行秋播。这时，播种机就派上用场了。

回味思考

在这个月里，黑麦、小麦、亚麻、胡萝卜、甜菜都成熟了，这些作物都可以做些什么，你知道吗？

写作素材

好词

沉默寡言　一溜烟　一瘸一拐　满满当当　心急如焚

急不可耐　人满为患　应有尽有　垂头丧气　无地自容

好句

草场脱下金黄色的外衫，换上缀着野菊花的新装——白色的花瓣反射着灼热的阳光。

场景再现

名师点拨
解析章节主旨，有赏有析，启迪思考。

回味思考
考点题目测试，查漏补缺，总结知识点。

写作素材
汇集文中好词好句，积累写作材料。

精彩篇目

动物们的妙计、拦截出逃者、白杨树木里的硬仗、没知识的小狐狸、冬天是一本书……

森林历

春	冬眠苏醒月	… 3月21日至4月20日
	候鸟归乡月	… 4月21日至5月20日
	唱歌跳舞月	… 5月21日至6月20日
夏	鸟儿筑窠月	… 6月21日至7月20日
	幼鸟出世月	… 7月21日至8月20日
	结队飞翔月	… 8月21日至9月20日
秋	候鸟别离月	… 9月21日至10月20日
	贮存粮食月	… 10月21日至11月20日
	冬日渐临月	… 11月21日至12月20日
冬	雪路初现月	… 12月21日至1月20日
	饥饿难耐月	… 1月21日至2月20日
	残冬煎熬月	… 2月21日至3月20日

目录

Contents

春

夏

秋

chūn
春

春季第一个月

冬眠苏醒月

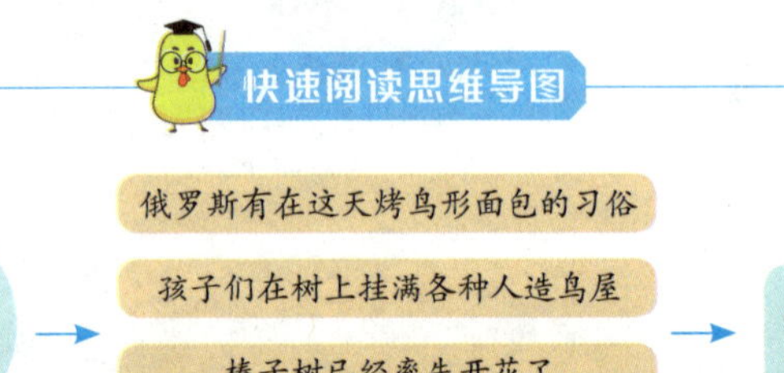

一年——分为十二个章节的太阳诗篇

知识拓展

春分：二十四节气之一，在每年 3 月 21 日前后。此时太阳直射赤道，南北半球昼夜平分。

新年好！

3 月 21 日，春分。

这天的白天和黑夜一样长。在森林里，这天既是元旦佳节，也是春天到来的日子。

民间有句俗语：“三月春光好，冰雪都让道。”在这个季节，暖融融的阳光使积雪逐渐变得松软，表面有蜂窝状的孔洞出现，转为灰色——再不复冬天的风姿，它要坚持不住了！

屋檐下挂着一根根小冰柱，正滴滴答答地淌着水，晶莹的水珠顺着冰柱滴落在地上，逐渐汇成一个个小水洼。

麻雀们高兴极了，一个劲儿地在水洼里扑扇自己的翅膀，想把整个冬天积下的尘垢全洗掉。山雀们在花园里欢快地引吭高歌。

春天载着阳光飞到了我们的身边。它开始兢兢业业地工作了。

第一件大事就是解放大地，让厚厚的冬雪化去，将地面露出来。此时的溪流仍在冰层下做着好梦，盖着雪被的森林也睡得正酣。

依照俄罗斯古老的习俗，3 月 21 日这天早晨，大家都用白面烤“云雀”——这是当地的一种小面包，在面包的前面捏个鸟嘴，用两颗葡萄干做眼睛。这天，我们会把笼中的鸟儿都放生，让它们重归大自然。

按照我们新的习俗，从这天开始，往后的一个月都是爱鸟月。

这天，孩子们为这些长翅膀的朋友操碎了心：树上被他们挂满了各种各样的鸟屋——椋鸟屋、山雀屋和人造鸟屋；把树枝固定起来，方便鸟做巢；为这些可爱的客人准备免费食堂；在学校和俱乐部举行报告会，讲述鸟儿们是如何保护我们的森林、田地、果园和菜园的，我们该如何爱护和欢迎这些机灵活

泼、长着翅膀的歌唱家。

3月里，母鸡在家门口就能恣意畅饮。

林中大事记

兔宝宝吃奶

田野间白雪皑皑，兔妈妈就生宝宝了。

小兔儿刚出生就睁开了眼睛，它们裹着温暖的小皮袄，又跑又跳。

小兔儿们喝饱兔妈妈的乳汁后，就乖乖地躲在灌木丛里和草墩子下面。虽然兔妈妈此时早不见了踪影，小兔儿们却不叫唤，也不闹腾。

一天，两天，三天……兔妈妈还没回来，它好像不记得小兔儿们似的。可小兔儿们仍然乖乖地趴在原地。它们哪儿敢瞎跑！一旦被老鹰和狐狸看到，它们就危险了。

这不，终于有只兔妈妈从旁边路过——不对，这不是它们自己的妈妈，而是一位陌生的兔阿姨。小兔儿们赶紧跑过去央求它："喂喂我们吧！"

"行啊，快吃吧！"兔阿姨喂饱小兔儿们就走了。小兔儿们又去灌木丛里趴着了。这时候，它们自己的妈妈或许正在哪儿喂别家的小兔儿呢。

原来，兔妈妈们之间有个规矩：它们认为，小兔儿们都是大家的孩子。兔妈妈不论在哪儿，只要遇见一窝挨饿的小兔儿，它都给它们喂奶。至于小兔儿是

知识拓展

兔子的天敌：兔子是兔形目兔科动物的总称。作为处在食物链底端的物种，兔子的天敌很多，狐狸、狼、鹰、猞猁、蛇、猎狗等都会捕食它们。但若没有天敌，兔子将泛滥成灾。如澳大利亚，仅有两千多万人口的土地上却生活着上百亿只兔子。

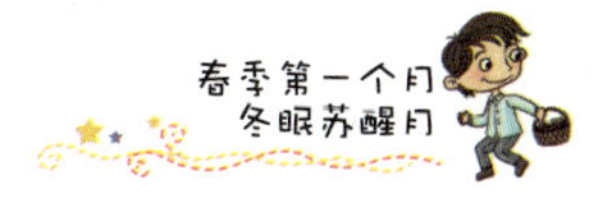

不是自己亲生的，那并不打紧！

你也许会觉得，小兔儿离开妈妈的照顾，日子会很难过。才不呢！它们身上的小皮袄暖和着呢。兔妈妈们的乳汁香浓又甘甜，小兔儿饱餐一顿后，好几天都不用再进食啦。八九天后，小兔儿们就能吃草啦。

最先盛开的花

第一批花儿露脸了。

不过，地面上仍看不到它们，因为地上还盖着雪呢。

在森林边缘一带，河水正淙淙流动着，河沟里的水都漫出来啦。瞧，就在这儿，在褐色的春水上面，光秃秃的榛子树枝头，已经率先开花啦。

一根根柔软而极富弹性的花穗儿从枝头垂下来，像极了一条条灰色的小尾巴。在植物学中，人们将它们归类为柔荑花序，但其实它们并不完全像柔荑花序的花。你把这些小尾巴摇一下，它们就会纷纷扬扬地飘落许多花粉。

怪的是，这几根榛子树枝上还盛开着别的花。这种花或两朵成双、或三朵成团地拥在一起，很容易让人们误认为是蓓蕾。每朵蓓蕾的尖儿上，都伸出了既像细线又像小舌头似的红色小东西。原来，这是雌花的柱头，它们用来接纳随风飘来的其他榛子花的花粉。

风儿无拘无束地穿梭在光秃秃的枝丫之间，既没有东西阻挡它去摇晃那些柔荑花序的小尾巴，也没有

知识拓展

柔荑花序：花序指花在花轴上排列的方式和开放次序。柔荑花序的花轴柔软下垂，花轴上有许多无柄单性花，开花后整个花序脱落。杨、柳等植物的花序均属此类。

东西能阻挡花粉的传播。

等榛子树的花谢了，花序脱落了，那些奇异小花的红色柱头也干枯了，那时，一朵朵小花就会变成一颗颗榛子啦。

动物们的妙计

森林中，温顺的动物时常会遭遇猛兽的袭击。不论它们在哪里，猛兽一旦看见它们，就会向它们扑来，并捉住它们。

在冬天白茫茫的雪地上，想发现白色的兔子和白色的山鹑很难。可如今天气变得暖和了，积雪渐渐融化，许多地面都露出来了。像狼呀，狐狸呀，鹞鹰呀，猫头鹰呀，乃至白鼬和伶鼬这种小型食肉动物，大老远就能看到被黑色地面衬出来的白色毛皮和羽毛。

于是，白兔和白山鹑这类动物琢磨出了一个妙招——换新装。它们纷纷脱掉身上的白褂子：瞧，白色的兔子换上了灰色的衣衫，变成了灰兔，白山鹑也褪掉很多白羽毛，换上了红褐色带黑条纹的新装。如今，若想发现换装后的它们，就没那么容易了。

一些极具攻击性的食肉小兽也开始换装了。冬天，伶鼬和白鼬的皮毛都雪亮雪亮的，不同的是，

知识拓展

白鼬：鼬科食肉动物，体形似黄鼬，身体细长，四肢短小。冬毛为纯白，只有尾端三分之一处为黑色；夏季除腹部、四肢内侧及下颌仍为白色外，背部均为灰棕色。是受我国法律保护的“三有动物”。

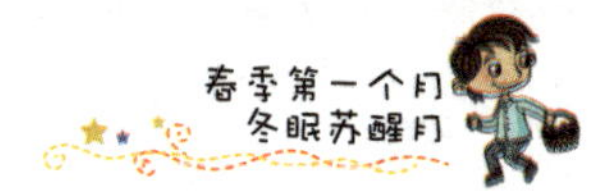

白鼬的尾巴尖是黑的。白色的皮毛使它们在雪地里更便于隐蔽，能轻而易举地靠近并袭击那些温和的动物。

现在，这些动物也开始换毛换色啦，它们把自己变得一身灰。白鼬和伶鼬都换了灰毛，不过，白鼬的尾巴尖儿并没有变色，还是黑色的。这并不碍事儿，无论在夏天还是冬天，地面上都不缺黑色的斑斑点点，那都是枯枝败叶和草屑一类的东西。

如今的地上和草上，这种黑点更是多如牛毛。

集体农庄新闻

冬麦苗

田里的积雪都融化后，长出了细细弱弱的小庄稼苗。此时的大地依然被冻得硬邦邦的，并不能为这些小苗提供充足的养分，所以小苗们都饿坏了！

然而，农庄里的人们早就给它们备好了足够的养料——草木灰、鸟粪、厩粪汁及食盐等。因为它们可是我们的宝贝——冬麦幼苗。

这些养料全都由空中“食堂”配送。

飞机飞到田地的上空，将这些养料统一撒下去。这样，每一颗麦苗都能吃饱并茁壮成长啦。

土豆的新家

土豆的种子被人们从冷库搬到了温暖的土壤里。

知识拓展

草木灰：草本植物或木本植物燃烧后的残余物。草木灰的主要成分为碳酸钾，且含有植物中几乎所有的矿物质，是一种高品质的钾肥，并具有来源广泛、成本低廉、养分齐全、肥效明显等优点。

它们对新家很满意，开始高高兴兴地生长起来。

拦截出逃者

积雪融化成了雪水，它们不肯在原地逗留片刻，一心只想逃到洼地里去。

农庄里的人们极有经验，事先在有积雪的斜坡上筑起一道堤来，这样，融化了的雪水就逃不掉啦。

雪水被拦截在田地里，并渐渐渗到泥土中。

雪水滋润着田里的小苗们的根，它们开心极了。

新生儿

昨天，猪舍饲养员在值夜班的时候为母猪接生，九位猪妈妈足足产下了100只小猪崽。这些猪娃娃个个都肥嘟嘟、圆滚滚的，别提有多壮实了，嘴里还哼哼个没完呢。

年轻的猪妈妈等得很着急，盼着饲养员把那些红扑扑、长着翘鼻头和小尾巴的小猪娃送过来吃奶。

知识拓展

黄瓜：俄罗斯人最喜欢的一种蔬菜，做法繁多。俄式酸黄瓜是俄罗斯人餐桌上的必备食物。

鲜黄瓜

鲜黄瓜上市了。

这些黄瓜的花并没有依靠蜜蜂来授粉，黄瓜生长的土壤也不是靠阳光的滋养。

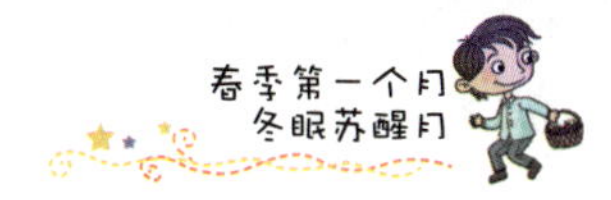

可它们仍是货真价实的黄瓜啊。它们身子圆圆的，浑身布满小刺。它们吃起来既脆又甜。

闻闻味道，那是实实在在的黄瓜味儿啊！只是，它们是在暖棚里长大的哩。

猎事记

按照规定，春猎期十分短暂。如果开春早，春猎期便可提前。同样，如果开春晚，春猎就只好延后了。

春天狩猎，只允许打飞禽，如野鸡和野鸭之类，且只能打雄的，还不能带猎犬。

胆小的勾嘴鹬

猎人白天出城后，傍晚就进入了森林里。

今天的黄昏灰蒙蒙的，无风，天空飘着毛毛雨，天气很暖和，正适合鸟儿搬家。

猎人看中了森林边的一块地方后，就站在一棵小云杉旁静等。周围的树木全是赤杨、白桦和云杉，都不是很高。

离太阳下山约莫还有一刻钟的工夫，猎人点燃一支烟吸了一口，过一会儿就没时间了。

猎人站在那儿，耳边是林子里各种鸟儿的歌声。听，鸫鸟立在枞树的最顶端引吭高歌，而红胸脯的欧鸲则躲在丛林里哼着小曲儿。

知识拓展

云杉：松科云杉亚科树种的统称。瑞典一株9500岁的云杉是世界上最古老的树。

赤杨：桦木科桤木属植物。枝叶及树皮可入药，清热降火，味苦涩，性凉。

白桦：桦木科桦木属植物。树皮光滑洁白如纸，分层剥下后可用来写字。

知识拓展

鸫鸟、欧鸲：均为雀形目鸣禽亚目鸟类，食虫或杂食，体型中等，善飞行，亦善地面奔跑，鸣声多样。主要栖息于森林、冻原、荒漠、农田等地。

太阳下山了，鸟儿们陆续地收起歌喉。最后，连歌唱家鸫鸟和欧鸲也不再出声了。

注意，留神听！突然，静谧的林子上空传出几声鸟叫：

“唧唧，唧唧，嚯嚯——嚯——嚯！”

猎人浑身的神经都绷紧了，他端起猎枪，屏气凝神，认真听了起来：这声音是打哪儿发出来的呢？

“唧唧，唧唧，嚯嚯——嚯——嚯！”

“嚯嚯！”

呀，竟然有两只呢！

两只勾嘴鹬正用力扑扇着翅膀，从林子上空迅速飞过。

后面那只紧跟着前面那只，看着不像是在打斗。看来，前面那只是雌鸟，后面那只是雄鸟。

“砰！”

雄勾嘴鹬中枪了，它像断了线的风筝似的打着旋，跌落到灌木丛里。

猎人迅速奔上前，那只受伤的鸟儿一旦逃走，或藏进灌木丛深处，再想找到它就难了。

勾嘴鹬羽毛的颜色像极了地上的枯叶。

呀，看见了！它在灌木丛上挂着呢。

远处，还有一只勾嘴鹬在“唧唧”“嚯嚯”地叫唤着，不知道躲在哪儿。

唉，离得太远啦，不在猎枪的射程内。

猎人又躲到小云杉树后，侧耳细听起动静来。林子里安静极了。

突然，叫声又响起来了：

“唧唧！”“嚁嚁！嚁嚁嚁！”

呀，在那边，它就在那边！但还是有些远。

能引它过来吗？或许，能引过来呢。

猎人摘下自己的帽子，往空中抛去。

雄勾嘴鹬正在寻找雌鸟的下落，虽然傍晚光线差，但它一眼就看到一团黑乎乎的东西飞到空中，又落了下去。

难道是雌勾嘴鹬？雄勾嘴鹬急忙拐了个弯，直奔着猎人飞来了。

> **知识拓展**
>
> 鸟类求偶：鸟类在求偶时，多为雄性主动追逐雌性。因此，雄鸟在看到雌鸟后会主动追逐。

“砰！”

打中了！

雄鸟一个跟头倒栽在地上，一动也不动，已经死掉了。

天渐渐黑了，“唧唧，唧唧！嚁嚁，嚁嚁”的叫声此起彼伏，时而在东，时而往西——不晓得飞往哪边更好。

猎人激动得双手直哆嗦。

砰！砰！没打中。

砰！砰！又没打中。

且放过这两只勾嘴鹬吧！猎人需要休息片刻，定定神。

现在好了，手不发颤了。

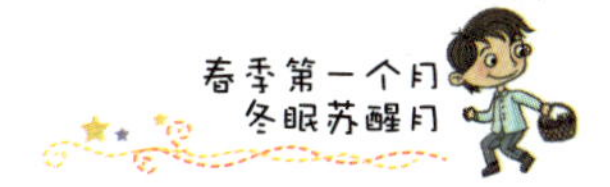

又能打枪了。

黑黝黝的森林深处，响起了猫头鹰沙哑的怪叫声。一只鸫鸟在睡意蒙眬中被惊得连声尖叫起来。

天更黑了，很快就不能再开枪了。

这时，雄勾嘴鹬的叫声又响起来了：“唧唧，唧唧！”

另一边也响起同样的叫声：“唧唧，唧唧！”

两只雄勾嘴鹬在猎人头顶刚一碰面，就打起来了。原来它们是情敌呀！

“砰！砰！”两声枪响后，两只勾嘴鹬应声落地。一只直接栽了下来；另一只则打着旋，不偏不倚地落在猎人的脚边。

趁着天还没黑透，再到别处去看看！

> **知识拓展**
> 猫头鹰叫声：猫头鹰是对所有鸮形目鸟类的统称。因种类众多，叫声也不尽相同，如渔鸮叫声嘶哑，草鸮叫声凄厉，角鸮叫声洪亮。但一般而言，猫头鹰并不会经常发出叫声。

在我们的日常生活中，每年的立春标志着春天的到来。这一天要吃春饼或春卷，很多地方还有各种民俗活动，庆祝春季的到来。但本书以春分为春季之始，这是因为我国以立春、立夏、立秋、立冬为四季起始点，欧洲以春分、夏至、秋分、冬至为四季起始点。之所以有这种不同，是因为欧洲国家纯以气候划分四季，因此将“二分二至”作为四季的起点；但我国历法兼顾气候与天文，将更具天文学意义的“二分二至”作为四季的中点，因此以“四立”作为四季的起点。

在这一章中，作者运用细节描写、拟人等写作方法，描绘出春天到来后，森林和田野间的各种变化和万物复苏的热闹景象。在本书中，这种写作方法非常多见，这也给了我们一个很好的参考，说明客观描述一个事物的发展及形态时，也可以通过适当的修辞使文章更加清晰明确。

·回味思考·

3月21日是森林中的什么节日？

春天回来后，它的第一个任务是什么？

白兔为什么要在春天换灰毛？

·写作素材·

好词

暖融融　恣意　率先　无拘无束　轻而易举　枯枝败叶

多如牛毛　茁壮　滋养　静谧　应声　不偏不倚

好句

积雪融化成了雪水，它们不肯在原地逗留片刻，一心只想逃到洼地里去。

农庄里的人们极有经验，事先在有积雪的斜坡上筑起一道堤来，这样融化了的雪水就逃不掉啦。

春季第二个月

候鸟归乡月

一年——分为十二个章节的太阳诗篇

4月，是积雪融化的月份！

4月还没有彻底苏醒，然而，春风已经如约而至，接下来，将是一番美好的景象！

这个月里，涓涓的流水从山上淌了下来，鱼儿欢快地跃出水面。春天将大地从厚厚的积雪中解放出来以后，接下来要承担起另一个重任——帮河水挣脱冰层的桎梏。

> **知识拓展**
>
> 4月：4月有清明和谷雨两个节气。英文4月(April)有“开”的意思，意即植物开始生长的月份。

融化的雪水汇成一条条溪流，它们无声无息地汇入江河。河水上涨，终于摆脱了浮冰的羁绊。

流水潺潺，在山谷间泛滥开来。

大地喝足了春水和雨水，披上了绿衣衫，四处点缀着娇艳的小花儿。然而，森林却还是光秃秃的，没有一点绿意，它们还在静静地等待春天的恩惠。但是，树木的浆液已经在悄悄涌动，枝丫间争相吐露嫩芽，遍地开满鲜花，朵朵眉开眼笑。

候鸟大迁徙

鸟儿排着整齐的队伍，从越冬地飞回来了。它们井然有序地从天空飞过。

最先飞回来的鸟儿，是去年秋天最晚离开我们这里的鸟儿；而最后飞回来的鸟儿，则是去年秋天最早飞走的鸟儿。那些羽毛非常绚丽的鸟儿每年都姗姗来迟——它们得等到草木都绿了才回来，如果回来得太早，那些光秃秃的大地和树木不利于它们躲避猛兽和猛禽的袭击。

鸟儿迁徙的路线，正好从我们城市和列宁格勒州上空经过。

这条长途航线，把寒冷的北冰洋和晴朗的热带连接起来。成千上万的海鸟和在海滨上越冬的鸟儿彼此排列成不同的阵列，浩浩荡荡地从空中飞行而过。它们沿非洲海岸，过地中海，经比里牛斯半岛海岸和比斯开湾海岸，再飞过一道道海峡、北海和波罗的海，

知识拓展

列宁格勒州：苏联加盟共和国——俄罗斯的一个州，首府是列宁格勒，即今天的圣彼得堡。

比里牛斯半岛：西班牙与葡萄牙所在的伊比利亚半岛。

比斯开湾：北大西洋东部海湾，在法国西海岸和西班牙北海岸之间，略呈三角形。

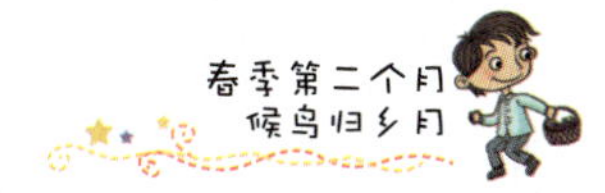

才飞到这里。

旅行途中，鸟群会遇到种种阻碍。

有时候，鸟群会遇到浓雾，有的鸟儿因此迷了路，有的鸟儿则在东冲西突中撞到悬崖峭壁，从而惨遭不幸。海上的风暴能折断它们的羽毛和翅膀，将它们卷到大海里去。鸟儿也会因饥寒交迫死在半途。

不计其数的鸟儿成了雕、鹰和鹞的口粮。每当这个季节，许多猛禽专门守在鸟儿迁徙的路上，坐等这些唾手可得的美味上门。更有数以千计的候鸟死于猎人的枪口。

但是，任何困难都别想阻挡它们。它们跨越无数障碍，直奔向远方的故乡，它们要回来啦。

知识拓展

鸟道：候鸟迁徙的路线，由地表的地形、植被类型、天气、鸟类本身的生物学特性等多种因素决定。因此，候鸟每年都会沿着大致相同的路线迁徙，由此形成了鸟道。

林中大事记

昆虫的节日

柳树的花开得正旺。鲜黄色小球缀满它的枝丫，连枝条本身的灰绿色都看不见了。整棵树毛蓬蓬的、轻飘飘的，十分喜气。

柳树开花对昆虫们来说就是一个热热闹闹、欢欢喜喜的大节日。

蝴蝶在翩翩起舞。看，这边是一只翅膀上长着雕花图案的柠檬蝶，那边是一只有棕红色翅膀和大眼睛的荨麻蛱蝶。

一只长吻蛱蝶落在毛茸茸的小黄球上，它那暗黑色的翅膀把小黄球挡了个严实，此时，它正伸出长长的吻管，插到雄蕊之间，高高兴兴地吸吮花蜜呢。

这株充满了节日氛围的柳树旁，紧挨着另一株开了花的柳树。然而它的花儿却是另一种模样：都是些难看的、乱蓬蓬的灰绿色小球。

不过，这棵树的种子正在成熟。原来，小昆虫们早已把小黄球上黏糊糊的花粉，带到了灰绿色的小球上。种子会在小球长长的瓶状雌蕊里结出来。

柔荑花序开花

大江、小溪两岸和森林边缘一带，柔荑花序都开花了。它们没有开在刚解冻的土壤里，而是开在被阳光晒暖的树枝枝头。

如今，白杨和榛树上缀满了一串串浅咖啡色的小穗儿，它们就是柔荑花序。

早在去年它们就长出来了。冬天，它们养精蓄锐，让自己变得更结实；到了春天，它们才舒展开柔软蓬松的身子。

轻轻摇动树枝，黄色花粉就会飘落，像轻烟似的。但在白杨和榛树上，除柔荑花序外，还有其他的花——雌花。

白杨的雌花是褐色球。榛子的雌花则是粗壮的花苞，里面伸出一根根粉红色的嫩须，初看像躲在里面的昆虫的触须，但实际上，它是雌花的柱头。每朵雌花少则两三个柱头，多的能有五个。

知识拓展

雌花：一朵花中只有雌蕊而没有雄蕊或雄蕊不育的花，受精后可发育为果实。

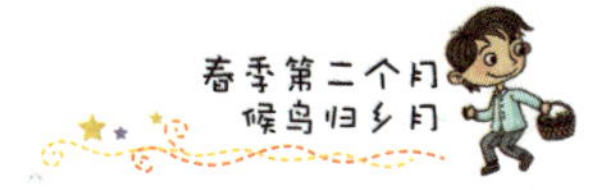

白杨和榛子树还没长出树叶，风在光秃秃的树枝间自由穿梭，吹得柔荑花序纷纷洒落花粉，风便将花粉从一棵树送到另一棵树。

> **知识拓展**
> 风媒传粉：依靠风力将花粉从雄花送至雌花的授粉方式，以这种方式授粉的植物称为风媒植物。

细须般粉红色的柱头接住了花粉，这些模样古怪、刺毛似的雌花就受精了。秋天时，它们就会变成榛子。

白杨的雌花也受精了，秋天也会结出藏着种子的小黑球果。

农事记

雪刚化，集体农庄的人们就驾着拖拉机去地里了。他们耕地用拖拉机，耙地也用拖拉机。如果装上钢爪，拖拉机还能铲树墩、开荒地呢。

拖拉机后面跟着一群黑蓝色的秃鼻乌鸦，它们大摇大摆地走着，旁若无人。不远处，灰鸦和白腰身的喜鹊也在地里跳来蹦去，它们都在觅食土里的蛆虫、甲虫和幼虫。

> **知识拓展**
> 秃鼻乌鸦：体型较大的杂食性黑色鸦。嘴基部裸露的皮肤呈浅灰白色，除此之外通体漆黑。

地耕过、耙平之后，拖拉机就带着播种机忙开了。

我们这儿最先播种的是亚麻，接着是娇嫩的小麦，最后是燕麦和大麦，这些都是春播作物。像黑麦和冬小麦这类秋播作物，现在已经长得好几厘米高了。它们都是去年秋天播种的，在雪下待了一冬后，如今发了芽，正齐刷刷地长个呢。

清晨和傍晚，生机勃勃的绿丛中时常会传来“契哦哦——维克！契哦哦——维克”的叫声，听着像大马车驶过的嘎吱声，却看不见马车，又像大蛐蛐儿的唧唧声。

其实，那声音既不是大车的，也不是蛐蛐儿的，而是美丽的田公鸡——灰山鹑在唱歌。它灰色的羽毛上点缀着白色的花纹，颈部和两颊呈橘黄色，红眉毛，黄脚丫。绿丛深处，它的妻子雌山鹑正忙着建窠呢。

知识拓展

灰山鹑：一种中等体型的灰褐色鹑，是不随季节迁徙的留鸟。

牧场里的嫩草又绿了。天快亮时，牧人们把牛群、羊群都往牧场赶去。动物们大声嚷嚷着，吵醒了还在小房子里甜睡的农家孩子们。

胖乎乎、毛蓬蓬的丸毛蜂嗡嗡直叫，它们已经从冬眠中苏醒啦。亮闪闪的瘦黄蜂也欢快地跳起了舞。是时候让蜜蜂登场啦！

蜂房被庄员们搬到养蜂场上。小蜜蜂们一个挨着一个爬出蜂房，它们活动着金黄色的翅膀，在阳光下晒暖和身子，就振翅飞走了。它们要去采甜甜的花蜜啦。这是开春以来，它们头一次采蜜哩！

集体农庄新闻

马铃薯的节日

如果马铃薯会唱歌，那么今天一定能听到一首欢乐的大合唱。今天是马铃薯的喜庆日子——它们要被

送到田里去。它们被小心翼翼地装进箱子，搬上汽车，运走了。

为什么要小心翼翼呢？为什么要装进箱子，而不是放入麻袋里？

因为马铃薯都长芽啦。小芽儿多讨人喜欢呀！短短的，胖胖的，毛茸茸的，被晒得黑黑的。小芽下面有许多白色的小凸包，就快要生根啦。芽儿的上端尖尖的，已露出嫩嫩的小叶子了。

> **知识拓展**
>
> 马铃薯芽：马铃薯就是土豆。土豆本身就含有有毒的生物碱，但含量极低，经高温烹饪可分解。但土豆发芽时，芽上的毒素大量增加，误食会导致中毒。

神秘的土坑

去年秋天，学校的园地里不知为何被挖了好多坑，时常有青蛙一不留神地掉到坑里去，因此，有人误以为这是陷阱，专门逮青蛙用的。

如今连青蛙都明白怎么回事了：这些坑是为栽种果树准备的。

苹果树、梨树、樱桃树还有李子树等，被孩子们一棵接一棵地栽种到坑里。

一个坑只能栽一棵树。每个树坑的中央都立着一根木桩，小树苗就绑在木桩上。

> **知识拓展**
>
> 黑醋栗：又名黑加仑，黑豆果，学名黑穗醋栗。果实为黑色小浆果，可食用，多加工成果汁、果酱等食品。

古怪的芽儿

一些黑醋栗丛中，有种奇怪的芽儿。它们个头儿很大，圆滚滚的。有些芽儿张开了，模样就像极小的甘蓝叶球。拿到放大镜下一看，真叫人大吃一惊！

芽儿里面住着许多令人生厌的生物，它们身子长长的，弯弯的，蹬着小腿儿，连胡子都一抖一抖的呢！

难怪小树芽都胀得鼓鼓的，原来有扁虱躲在里面过冬呢！黑醋栗最可怕的天敌就是扁虱，它们能毁掉黑醋栗的芽，还会给黑醋栗带去传染病，让黑醋栗不能结果。

在一棵黑醋栗上，如果这种鼓胀的芽不多，就趁扁虱还没爬出来，赶紧把树芽摘下来，一把火全烧掉。如果这样的芽有很多，就只能把整棵黑醋栗烧掉了。

猎事记

市场上

这些天，列宁格勒的市场上有各种各样的野鸭在出售：有身子全黑的，有模样像家鸭的，有的个头儿大，有的个头儿小。有些野鸭尾巴像锥子，长长的，尖尖的；也有些野鸭嘴巴宽宽的，像铲子；还有些野鸭嘴巴窄窄的。

没经验的主妇去买野禽，那可真糟。

她买了一只野鸭回家烧好，却没人肯吃，因为鸭肉满是鱼腥味儿。可见她买的那只野鸭，要么是专吃鱼的潜水矶凫，要么是秋沙鸭，也可能压根儿就不是鸭，而是潜水鸊鹈。

有经验的主妇，一眼就能分辨出潜水矶凫和好野鸭——看野禽的后脚趾就可以啦。潜水矶凫后脚趾上突起的厚皮又肥又大，而河面上那些“高贵的”野鸭们，后脚趾上却只突起了一小块厚皮。

> **知识拓展**
>
> 涅瓦河：由圣彼得堡入海的俄罗斯东部河流，全流域均在列宁格勒州境内。
> 科特林岛：俄罗斯岛屿，在圣彼得堡以西约30公里的芬兰湾中。

马尔基佐夫湖

春天，马尔基佐夫湖上的野鸭多不胜数。

一直以来，人们都将芬兰湾里的涅瓦河河口到科特林岛之间这片水域称为马尔基佐夫湖。这里是列宁格勒的猎人们狩猎的圣地。

在斯摩林河上，你能看到斯摩林墓场的附近，有

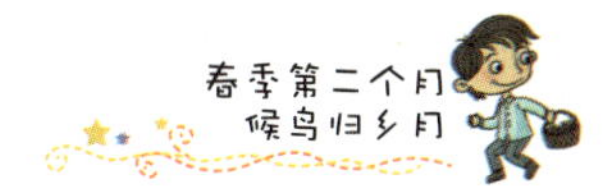

一些模样古怪的小船。小船有白色的，也有与河水同色的。船底部很平坦；船头和船尾高高翘起；船身小巧，但非常宽。这是猎人打猎用的划子。

傍晚时分，也许你碰巧能遇见一个猎人，他把划子推进河里，带上枪和其他物品上船，撑一支桨顺流而下。约 20 分钟后，就到马尔基佐夫湖了。

涅瓦河早就解冻了，但河湾里还有大冰块。划子排开浊浪，快速地向大冰块靠近。

猎人划到冰块跟前，泊好划子，跨上冰块。他在皮袄外披了件白褂子，又从划子里擒来一只雌野鸭囮子。用绳子拴好后，野鸭被当成诱饵放到水中。绳子的另一头则被猎人牢牢固定在冰块上。

> **知识拓展**
> 囮子：捕鸟时用于引诱其他鸟的那只鸟。囮，音鹅。

雌野鸭立刻扯着嗓子大叫起来。

猎人又乘划子离开了冰块。

叛徒野鸭和白衣猎人

野鸭囮子尽职尽责地、一遍遍地叫唤着，心甘情愿地做了野鸭界的叛徒。

雄野鸭们听到雌野鸭的召唤，都不明就里地从四面八方赶过来。

雄野鸭只注意到了雌野鸭，却没有留意到白色冰块旁的白色划子，以及划子上披着白褂子的猎人。

猎人开了一枪又一枪，各种各样的雄野鸭被猎人收进划子里。

太阳西沉，最终没入大海。

天黑了，不能继续开枪了。

猎人收起野鸭囮子，把船锚固定在浮冰上，让划子紧贴着冰块，这样划子就不会被风浪冲走了。

该考虑过夜的事儿了。

起风了。天空中阴云密布。

水上的小房子

猎人在船舷两端固定起一个弧形木架，他把解开的帐篷套到木架上，绷紧了。随后他点燃煤气炉，舀满一壶水，搁在炉子上烧开。

雨点落在帐篷上像敲鼓。

猎人并不在意这点小雨，因为帐篷是防水的。帐篷里既干燥又亮堂，煤气炉像普通火炉一样暖和。

春夜很短暂，东方很快就晕开一抹浅白，浅色光带还在不断地延伸、扩大。

乌云散了，风歇了，雨也停了。

猎人往帐篷外望了望。远处的海岸线黑黝黝的，但却看不到城市，也看不到城市里的灯光。

原来一夜之间，风竟然将浮冰远远地吹到辽阔的大海里去了。

太糟糕了！这下回城得花不少时间呢。

幸好夜里没有其他冰块被吹过来，不然两块浮冰相撞，划子就会粉身碎骨，猎人也难逃被压成肉饼的结局。

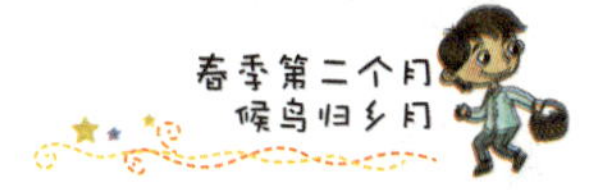

世界上所有的历法按照制定依据的不同，可分为阴历、阳历、阴阳合历三种。

阳历是以太阳运行周期为基础制定的历法。阳历的月与月球周期无关，反映的是太阳在黄道上的位置，现在世界通行的公历就是一种阳历。所以，在公历发展的早期，一年只有十个月，每个月的时间跨度要远远长于月亮周期。

阴历是以月球运行周期为基础制定的历法。阴历的年与太阳运行无关，四季变化没有固定时间，但因为较太阳运行更易观测，所以远古历法几乎都是阴历。今天七天一星期的制度就是阴历的遗留。

阴阳合历则是兼顾太阳与月球运行周期的历法。一年就是地球绕太阳公转一圈，一个月就是月球绕地球一周，二者之间的天数差通过设置闰月的方法进行平衡。中国传统的农历就是一种阴阳合历。

对农耕而言，至关重要的是太阳周期；对沿海渔猎而言，与潮汐相关的月亮周期则更为重要。《森林报》的森林历就是主要以太阳周期为依据进行划分的，这是因为太阳对森林中的各种动植物影响最大。这是我们在看书时要关注的。

回味思考

你有没有见过候鸟迁徙？

你有没有种过树？找一些植物种子，试着种一种，并模仿《森林报》写一篇关于种子萌发的文章。

试着在世界地图上找出芬兰湾，说说马尔基佐夫湖大致是指芬兰湾的哪片区域。

·写作素材·

好词

如约而至　挣脱　桎梏　无声无息　羁绊　潺潺　泛滥

眉开眼笑　井然有序　姗姗来迟　悬崖峭壁　饥寒交迫　坐等

唾手可得　养精蓄锐　旁若无人　留神　心甘情愿　不明就里

阴云密布　黑黝黝　粉身碎骨

好句

大地喝足了春水和雨水，披上了绿衣衫，四处点缀着娇艳的小花儿。然而，森林却还是光秃秃的，没有一点绿意，它们还在静静地等待春天的恩惠。但是，树木的浆液已经在悄悄涌动，枝丫间争相吐露嫩芽，遍地开满鲜花，朵朵眉开眼笑。

春季第三个月

唱歌跳舞月

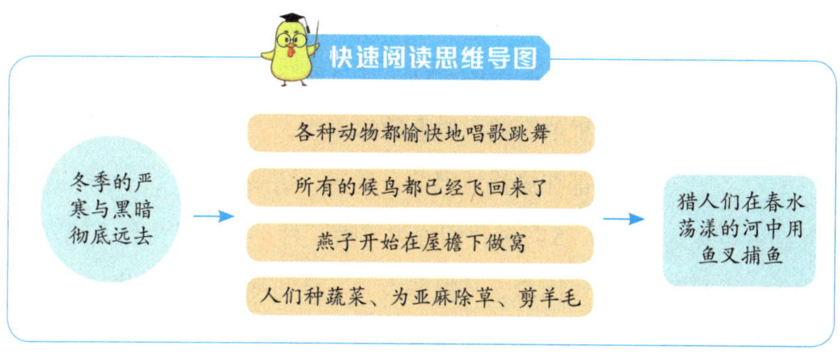

一年——分为十二个章节的太阳诗篇

5月到了！

尽情地唱吧！跳吧！玩吧！

在这个月里，春天将认认真真地完成它的第三个使命：给森林穿绿装。

森林里最欢乐的月份——唱歌跳舞月，开始了！

阳光——太阳的光和热，彻底战胜了冬天的严寒和黑暗。随着晚霞和朝霞的握手言欢，北方的白

> **知识拓展**
> 5月：5月有立夏和小满两个节气。英文5月（May）一词源自罗马神话的司春女神玛雅（Maius）。

夜开始了。

生命被大地哺育着，被雨水滋润着，都挺直腰杆昂首生长了。高大的树木披上绿油油的新装，容光焕发。数不清的昆虫在空中翩翩舞动；黄昏后，夜晚活动的蚊母鸟和身手敏捷的蝙蝠，就会趁夜色出来捕食昆虫。白天，家燕和雨燕在低空中穿梭，雕和老鹰在森林上空盘旋巡视，茶隼和云雀在田野间挥动着翅膀，像被看不见的线系着似的。

> **知识拓展**
> 茶隼：学名红隼，隼科小型猛禽。多单个或成对活动，飞行较高。猎食时有翻翔习性、两性色形不同，在隼形目猛禽中较为罕见。比利时国鸟。

没有被拴上的大门打开了，一群金翅膀的小家伙——勤劳的蜜蜂，从里面飞了出来。田里的琴鸡，水里的野鸭，树上的啄木鸟，天空中的绵羊——鹬，全都在愉快地唱歌、跳舞、嬉闹。

5 月被我们称为“嗬”月。你知道为什么吗？

因为 5 月温差大，一会儿冷，一会儿热。白天，太阳暖洋洋地烘着。到了夜里，嗬，真凉！

林中大事记

森林乐队

这个月里，夜莺亮起嗓子，没日没夜地唱起歌来，歌声有时尖锐，有时悦耳。孩子们很纳闷：它们倒是什么时候睡觉啊？

森林里的早晨和傍晚，是动物们的演出时间，它们纷纷唱着自己喜欢的歌，弹奏着自己的乐器。

森林里有独唱家、提琴手、击鼓手和吹笛手。低

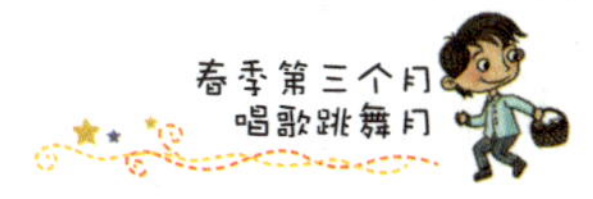

吟浅唱和高歌亮嗓此起彼伏，大喊声、嗥叫声、呻吟声、咳嗽声、咕嘟声、吱吱声、嗡嗡声、呱呱声……不绝于耳。

歌声清脆悠扬的是燕雀、莺和鸫鸟，吱吱嘎嘎拉琴的是甲虫和蚱蜢，咚咚击鼓的是啄木鸟，细声细气吹笛子的是黄鸟和白眉鸫鸟。

狐狸和白山鹑哼着曲儿；牝鹿的叫声像咳嗽；狼扯着嗓子嗥叫；猫头鹰的调子像叹息；丸花蜂和蜜蜂嗡嗡个不停；青蛙咕噜一阵，呱呱一阵。

> **知识拓展**
> 牝：读为聘。指雌性动物，也泛指阴性的事物。与牝相对的，用来指雄性动物的字是牡。牝鹿就是母鹿，牡鹿就是公鹿。

不会唱歌的动物们也不难为情，它们都有称手的乐器，都能一展所长。

啄木鸟挑选能发出响亮声音的干树枝作鼓，它们坚硬灵巧的喙便是鼓槌。

天牛扭动脖子的嘎吱声，多像拉小提琴啊！

蚱蜢爪子带钩，翅膀上有锯齿，它用爪子拨翅膀，也是在奏乐啊。

火红色麻鸦的长嘴伸进水里用劲一吹，水面发出“咕咚咕咚”的声音，回荡在整个湖面上，听着像牛叫。

沙锥更有想法，它用尾巴来唱歌。瞧，它张开尾巴，飞向高空，再一头俯冲直下，风儿将它的尾羽拨弄得嗡嗡响，就像羊儿在咩咩叫。

林中乐队就是这么精彩！

田野听蛙声

我和小伙伴一起去除草。我们在田里轻手轻脚地走着，草丛里突然传来一只鹌鹑的叫声，好像在对我们说：“除草去！除草去！”

我听了回答它：“我们就是去除草的呀！”可它仍自顾自地唱着：“除草去！除草去！”

我们来到田垄边，一群圆翅田凫赶紧扑扇着翅膀唱起来，好像在跟我们打招呼：“你们是谁？”

我们回答它：“我们是古拉斯诺亚尔斯克村的。”

最后飞回来的鸟

春天快结束了，最后一批鸟飞回来了，它们都是在南方越冬的鸟。不出所料，这些鸟儿都有色彩斑斓的羽毛。

有人在彼得宫的一条小河上看见了翠鸟。它们身穿绿中带蓝、夹杂着棕色的漂亮外衣。它们来自埃及。

树林中，全身金黄、长着黑翅膀的金莺在唱歌，歌声像吹笛子，又像一只瘦弱小猫的叫声。它们来自南非洲。

湿漉漉的灌木丛里，出现了蓝肚皮的小川鸲鸟和羽色斑驳的野鹟，沼泽地里也有金黄色的黄鹡鸰出没。粉红胸脯的鸮鸟回来了。脖子上有一圈蓬松羽毛的流苏鹬和羽色绿蓝相间的僧鸟，也都回来了。

> **知识拓展**
> 南非洲：指非洲南部地区。通常包括马拉维、赞比亚、博茨瓦纳、莱索托、马达加斯加、毛里求斯、安哥拉、莫桑比克、科摩罗、津巴布韦、南非、纳米比亚、圣赫勒拿（英）、留尼汪（法）等。面积661万平方千米。

燕子做窝

5月28日。

在我房间窗户对面，邻家小木房的屋檐下，有一双燕子正在做窝。我很高兴，因为我能看到燕子做窝的全过程啦！它们那精致的小窝可有名了。我还能了解到，它们什么时候孵小燕子，怎样喂养小燕子呢。

我仔细观察小燕子，看它们去哪儿找建窝的材料——它们径直去了村庄附近的小河边。它们落在河岸上，用喙啄起一小块湿泥，又衔泥立即飞回小木屋。它们在屋檐下轮流换班，把一块又一块的湿泥糊在墙上。

5 月 29 日。

真糟！今天一早，一只大公猫就爬到小木屋的房顶上。

这是一只模样凶悍的流浪猫，由于总跟别的猫打架，它浑身的毛被撕扯得凌乱不堪，右眼也瞎了。

它蹲在屋顶上，紧盯着飞来的燕子，还时不时地探头瞧屋檐下，看燕子窝做好没有。

燕子见状，惊慌地叫起来。只要猫在房顶上，燕子就不肯继续做窠。

今天午后，燕子一直没有飞回来。看来它们打算放弃这儿，去寻找更安全的地方做窝。

6 月 19 日。

这些天特别热。屋檐下镰刀状的底座已经干了，颜色也由黑色变成灰色。燕子再没露过面。

今天白天，天空乌云密布，雨水哗哗落下来。好一场倾盆大雨！天地间仿佛挂了一层由雨水织就的帘子。

知识拓展

燕子做窝：燕子是雀形目燕科下 74 种鸟类的统称。其中家燕喜欢栖息在人类居住的环境。燕子在做窝时会以唾液混合泥土、草根、残羽等筑成半碗形的巢。

街上的积水汇成小河，蹚水过河是行不通了：瞧，河水已经漫过岸边，正一路咆哮着奔向前方。两岸的稀泥很厚，几乎能没到膝盖。

直到黄昏，雨才停了。屋檐下飞来一只燕子。它的身子在镰刀状的底座上紧贴了一阵，又飞走了。

我心想："燕子或许不是被大公猫吓走的，而是这段时间里，它们找不到做巢用的湿泥。也许它们还会飞来吧！"

6月20日。

燕子回来啦！

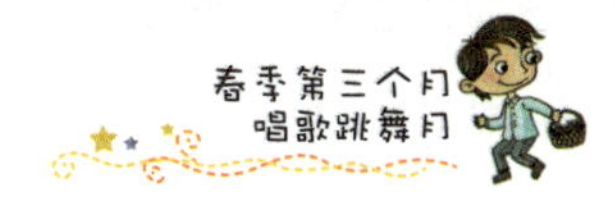

真的回来啦！不止一对，而是好大一群！

它们在房顶上空飞来飞去，不时地看向屋檐下，叽叽喳喳叫个不停，好像在激烈地争论着什么。

它们大约争论了十分钟，随后呼啦一下子全飞走了，只有一只留了下来。它的两只爪子牢牢抓着泥基，动也不动地停在那儿，好像在修整什么。可能它正忙着把自己黏稠的唾液涂抹在泥基上吧。

这只雌燕一定是这个窝的女主人。

没多久，雄燕衔泥飞回来了，雌燕用喙从雄燕喙中接过那一小团泥，继续筑巢，雄燕又忙着衔泥去了。

大公猫又爬上房顶，可燕子已经不怕它了，燕子不叫不嚷，只埋头干活，直到太阳落山。

农事记

庄员们的活儿可多了：播种之后，要把厩粪和化肥运到秋播地里均匀撒开，为今年的秋播作物做准备。接着该忙园地里的活儿了：首先要种土豆，接着种胡萝卜、黄瓜、芜菁和甘蓝。亚麻现在也长高了，该给它们除草了。

孩子们也不闲着。无论田里、菜园还是果园，他们都能帮忙。他们能种庄稼、除草，也能为果树修剪枝叶。农活儿多着哩！他们白天要扎好够一年用的白桦扫帚，要拔嫩荨麻。用嫩荨麻和酸模做的菜汤特别鲜美。

知识拓展

白桦扫帚：苏联人的洗澡用具。将白桦枝叶扎成一束，洗澡时用它蘸热水在身上拍打。

晚上用捞网，保管什么鱼都能捕到。

深夜，他们从岸边撒下捕龙虾用的簖网，自己就坐在篝火旁闲聊谈笑，讲恐怖故事，等龙虾聚得足够多，才去收网。

> **知识拓展**
> 簖：指插在水里捕鱼、虾、蟹等用的竹制或苇制的栅栏状渔具。

清晨的庄稼地里，再也听不到“田公鸡”灰山鹑的叫声了。秋播的黑麦已长到齐腰高，而春播的庄稼也长高了。

灰山鹑还在老地方，只是不敢大声歌唱了。它身边的鸟窝里有鸟蛋，雌山鹑正在孵蛋呢。

这种时候唱歌，难免会招来灾祸：老鹰、狐狸和淘气的孩子们都会闻声赶过来，他们可都是掏鸟蛋的高手啊！

集体农庄新闻

逆风也帮忙

亚麻田给农庄寄来一封投诉信。亚麻幼苗抱怨说，地里出现的敌人——杂草把它们闹腾得没法活了。

> **知识拓展**
> 亚麻：一年生草本植物，可分成纤维用亚麻、油用亚麻和油纤兼用亚麻三种类型。

农庄立刻派女庄员们去帮助亚麻。她们脱掉鞋子，光着脚，顶着风，小心翼翼地走在田垄上。她们踩过的地方，亚麻都倒伏下去。一阵逆风吹来，将亚麻的细茎稳稳一托，它们又淡定地直起腰身。而它们的天敌却已经被消灭干净啦。

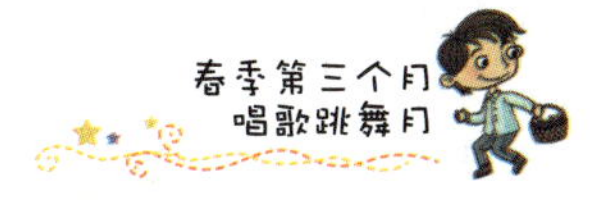

绵羊脱棉袄

集体农庄的绵羊剪毛室里，有十位经验丰富的剪毛工，他们用电推子把绵羊身上的毛剪得干干净净，就像给绵羊脱掉了一件厚棉袄。

“我妈妈是哪个呀？”

牧羊人把“脱掉棉袄”的绵羊妈妈们送回羊群，小绵羊们发现它们认不出自己的妈妈了。小绵羊只好一个劲儿地咩咩叫：“妈妈，你在哪儿？”

> **知识拓展**
> 绵羊：牛科绵羊属动物。身体丰满，体毛绵密，性情温顺。以产羊为饲养目的的绵羊每年春天剪羊毛。在一些温暖地区，每年春秋两次剪羊毛。

喜迎花期

园里的果树等来一年中最重要的时刻——花期。

草莓已经开花了。一颗颗樱桃树上，雪白的小花热热闹闹地缀满枝丫。昨天，梨树也袅袅婷婷地开了花，一两天后，苹果树也要开花啦。

温室里的菜秧

昨天，池塘边的园地上，搬来一批新住户——在温室里培育出的南方蔬菜——番茄。黄瓜秧也搬来跟它们做了邻居。

番茄秧长得很壮实，正准备开花。黄瓜秧又瘦又小，仍躺在白封套里，只露出一点嫩尖。大地母亲呵护着这些小秧苗，不让它们被贪嘴的鸟发现。小黄瓜秧能快快长高吗？能追上番茄吗？

猎事记

> **知识拓展**
> 苏联国土：苏联是苏维埃社会主义共和国联盟的简称，存在于1922年至1991年，由15个权利平等的加盟共和国按照自愿联合的原则组成。苏联国土面积达2240平方公里，占亚欧大陆超过三分之一的土地，是当时世界上最大的国家。

我们国家幅员辽阔，列宁格勒附近的春猎期早已结束，北方的河流却刚进入汛期，正值打猎旺季。这时候许多喜欢狩猎的猎人都会赶去北方。

在春水泛滥的水域荡小船

天空乌云密布，夜晚黑漆漆的，就像秋夜。

我与塞苏伊奇共乘一条小船，从林间小河顺流而下。两岸陡峭。我坐在船尾摇桨，塞苏伊奇坐在船头。

塞苏伊奇是一位会打各种飞禽走兽的猎人，但他偏不爱捕鱼，也瞧不上那些捕鱼的人。虽说我们今天也是去捕鱼的，可塞苏伊奇秉性不改，他硬说自己是去“猎”鱼，而不是钓鱼或网鱼，所以他不肯用任何渔具捕鱼。

陡峭的河岸被抛在后面，我们来到一片开阔的泛滥区。

夏天，这儿有一条窄窄的河堤，把一条小河和一个不算大的湖隔开，堤岸上长满了灌木。河堤上还有一条连接了小河和小湖的窄窄水道。不过，现在用不着找这条小水道，因为周围的水都很深，小船能够在灌木丛中自由穿行。

我轻轻划着桨，不让桨伸出水面，发出声音。小船无声无息地前进着。

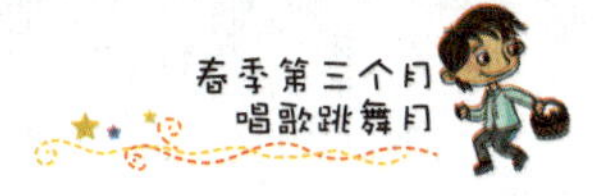

一个奇幻的世界浮现在我的眼前。

我们划到湖上了。湖面上无声无息地漂着什么，就仿佛湖底下藏着巨人：他把身子深埋在淤泥之中，只露出头顶，任凭长发在湖面上漂动。它们是水藻还是水草？

湖面黑洞洞的，像个无底深潭。也许并没有那么深，因为火光只能穿透到水下约两米深的地方。然而，只要看一眼，还是会觉得很吓人，谁知道下面藏着什么。

我们好像坐在飞船上，在一个陌生的星球飞行。

塞苏伊奇的动作引起了我的注意。

他站在船上，左手举着鱼叉——他是个左撇子。他目光炯炯地盯着水面，像军人般威风。矮个子、满脸胡子的“军人”要用“长矛”给他的敌人致命一击。

鱼叉的手柄足有两米长，下端有5个闪闪发光的、带着倒刺的钢齿。

塞苏伊奇的脸在火光的映照下通红通红的，他转头冲我扮了个吓人的鬼脸。我不再划桨，把船停下。

塞苏伊奇把鱼叉小心翼翼地伸进水里。我往水下一瞧，只见水深处有一截黑色的、笔直的长棍子。再仔细看，才发现那是一条大鱼的脊背。

塞苏伊奇慢慢地把鱼叉往深处伸，斜斜对准大鱼。靠得近了，鱼叉停下不动了，猎人也屏息凝神一动不动。

突然，他猛地用力，将鱼叉直直刺进了黑色的

知识拓展

左撇子：又名左利手，指更习惯用左手的人。左撇子常被认为比较笨拙，但实际上是因为生活中的多数物品都是为右手操作设计的，左手操作无论是否灵巧都十分不便。左撇子在欧洲历史上曾被视为与魔鬼(撒旦)为伍者，因此与左相关的英文单词多为贬义。

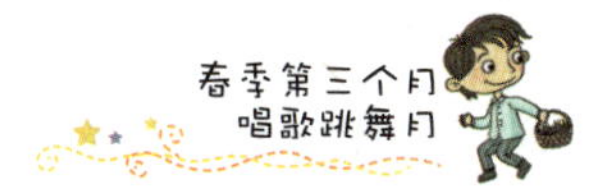

鱼脊背。湖水涌动起来，塞苏伊奇把猎物拖出水面，只见钢齿上挣扎着一条足有两千克重的大鲤鱼！

小船继续向前。我很快发现了一条鲈鱼。它个头儿不大，躲在水下的灌木丛里一动不动，好像在沉思着什么。

这条鲈鱼离水面很近，我能看清它身上的黑色斑纹。我看向塞苏伊奇。他摇摇头。我明白，他瞧不上这么小的鱼。于是，我们放过了它。

我们在湖面上绕了一大圈。水下的世界真迷人啊！当猎物再次被猎人刺死，我仍不忍从美景上移开目光！

我们又遇到一条鲤鱼、两条大鲈鱼和两条长着金色鳞片的漂亮鲤鱼，它们都从湖底落入我们的小船舱里。

黑夜快要过去了。

小船前面拦着一截圆木头，我把小船驶向一边，免得和圆木相撞。塞苏伊奇低声制止我："停……别动……嗞——梭鱼……"他激动地"嗞"了一声。

他麻利地把鱼叉手柄末端系着的绳子缠在手上，握紧鱼叉瞄了半天，才很小心地把鱼叉插入水中。随后，他拼尽全力刺向梭鱼。这条鱼力气很大，竟拖着我们的小船游出去好远！还好鱼叉刺得够深，梭鱼没能脱身。

这条梭鱼足有 7 千克重！

塞苏伊奇好不容易把它拖上船。天快要亮了，琴

知识拓展

鲤鱼：硬骨鱼纲鲤形目鲤属鱼类，为淡水底栖鱼类，荤素兼食，常拱泥摄食。

鲈鱼：硬骨鱼纲鲈形目花鲈属鱼类，为海淡水洄游鱼类。以上海松江鲈鱼最为著名。

梭鱼：硬骨鱼纲鲻形目鲮属鱼类，属近海鱼类，亦栖息于淡水中。

鸡"啾唧啾唧"的叫声穿透湖面上的薄雾，从四面八方传过来。

"太好啦！"塞苏伊奇高兴地说，"现在换我划桨，你来打猎。不能错过机会！"

我俩调换了位置。

凉爽的风吹散了晨雾，晴空如洗。真是个美好的早晨！

森林罩在一片绿色轻烟似的薄雾里，我们的小船沿着林边前行。光滑的白桦树干和粗糙的黑云杉树干，都直挺挺地钻出水面。

看前方，森林就像悬在半空中；看近处，有两座森林在眼前浮动：一个树梢都朝上，一个树梢都朝下。清澈的湖水像一面光滑的镜子，镜面上倒映出黑色的、白色的树干，轻波微微荡漾，涟漪一圈圈散开，万千树枝全被摇散了。

"准备……"塞苏伊奇低声提醒我。

小船划过波光闪闪的水面，来到一片桦树林边。一群琴鸡歇在光秃秃的桦树枝条上。令人惊讶的是，那些纤细的树枝竟没有被这些笨重的大鸟压折。

雄琴鸡长着小脑袋、长尾巴，尾巴尖上的黑翎像两根大辫子。明亮的天空把雄鸡乌黑壮实的身躯映衬得异常显眼。而羽色浅黄的雌琴鸡则更加朴素、灵巧。

这群乌黑、浅黄的大鸟的身影倒映在水中，影子头朝下地在水中轻晃。我们离它们很近了，塞苏伊奇轻轻划着桨，小船沿着林边缓缓前行。鸟儿容易受惊，

知识拓展

森林多雾：雾是在相对湿度达到100%时，水汽凝结成细微水滴悬浮于空中形成的。由于森林中树木较多，树木的蒸腾作用使空气中的湿度较大，因而只要没有大风，都会有或多或少的雾气。

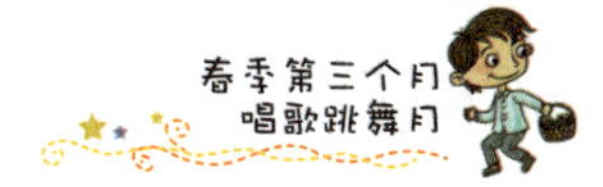

为了不吓跑它们，我慢慢地端起双筒猎枪。

琴鸡全都伸长脖子，把小脑袋转向我们。它们或许在好奇吧：水上漂过来的是什么？危险吗？

琴鸡都笨头笨脑的。最近的那只琴鸡离我们只有50来步。它的小脑袋不安地转动着，也许在思量：如果发生意外，该往哪儿飞？它的两只小脚交替着缩起又放下，踩得细树枝直向下弯。它慌乱地猛扇几下翅膀，以免失去平衡。

砰！我开了一枪。清脆的枪声在水面上荡开，传到树林里，又被树墙弹了回来，响起一阵回音。

琴鸡一头栽进水里，水面上溅起一圈五光十色水花。鸟群受了惊，它们猛拍翅膀，呼啦一下全从树上飞走了。

我又开了一枪。匆忙中瞄准一只惊慌逃走的黑琴鸡，不过没打中。

然而一大早就能猎到羽毛如此丰满的美丽鸟儿，我已经很知足啦！

“收获颇丰！”塞苏伊奇向我道贺。

我俩捞起湿淋淋的、垂着脑袋的死琴鸡，慢慢悠悠地摇着桨回家了。

我们虽然一夜未眠，但是这会儿一点都不困呢！

知识拓展

回音：声音是由发声体振动，在空气或其他介质中产生的声波。声波在传播时遇到障碍物被反弹回来，就会产生回声，也叫回音。

在这一章中，人们要把厩粪和化肥施到地里。那么，施肥是怎么一回事呢？原来，植物生长过程中会从土地中吸收各种营养元素，其中，氮、磷、钾是植物需要量和收获时带走最多的营养元素，但它们通过残茬和根的形式归还给土壤的数量却不多，因此施肥主要是为土壤补充这三种元素。在古代，无论欧洲还是亚洲，都以人畜粪便当作主要肥料。18 世纪以后化肥开始出现，为土壤单独补充氮、磷、钾这三种元素，并成为农业增产的最重要的方式之一。

回味思考

如果现在世界上所有的土地都不施化肥会产生什么后果？

你知道什么样的食物是绿色环保的吗？

写作素材

好词

容光焕发　不出所料　色彩斑斓　凶悍　凌乱不堪　幅员

春水泛滥　陡峭　致命一击　晴空如洗　荡漾　涟漪

好句

清澈的湖水像一面光滑的镜子，镜面上倒映出黑色的、白色的树干，轻波微微荡漾，涟漪一圈圈散开，万千树枝全被摇散了。

xià

夏

夏季第一个月

鸟儿筑巢月

快速阅读思维导图

夏天是一年中白昼最长的季节 → 遥远的北极的太阳全天都不落；动物们建起了形式各样的房子；狐狸用诡计霸占了爱干净的獾的家；一个牧童发现一头小牛被咬死 → 有经验的猎人从脚印中发现凶手是猞猁

一年——分为十二个章节的太阳诗篇

> **知识拓展**
>
> 6月：6月有芒种和夏至两个节气。英文6月（June）一词源自罗马神话中的天后朱诺（Juno）。

6月，蔷薇花开，候鸟回家，夏天开始。这是一年中白昼最长的季节。

在遥远的北极，太阳全天不落，完全没有了黑夜。

潮湿的草地上，花儿在阳光下更加鲜艳夺目，金莲花、驴蹄草和毛茛等植物，把草地染得金灿灿的。

这个季节，在阳光充足的白天，人们纷纷外出采集有药用价值的草、茎和根，以备在患病时，能够

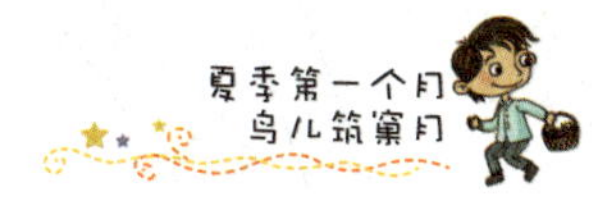

把这些植物体内贮存的阳光的生命力，转移到自己身上。

6月22日，夏至日，一年中白昼最长的一天就这样过去了。

这天之后，白昼会悄悄缩短，缩短的速度很慢很慢，就像春光来时一样慢。可无论多慢，还是会有转瞬即逝的感觉！

我们的通讯员决定去森林里看看那些飞禽走兽、游鱼昆虫都住在什么地方，它们生活得怎么样。

漂亮的房子

瞧，森林里到处都是动物们的窝——地面上、地底下、水面上、水底下、树上、草丛里、半空中，全住满了，几乎没有一块儿空闲的地方。

在空中安家的是黄鹂。

黄鹂用大麻、小草茎和细绒毛编成一个轻盈的小窝，挂在高高的白桦树枝上，像个小篮子。小窝里有黄鹂的蛋。风吹得树枝摇摇晃晃，鸟蛋却掉不下来，实在让人不敢相信！

百灵、林鹨、鹀和很多其他鸟儿，喜欢在草丛里安家。

我们通讯员最喜欢靴篱莺的小窝，它的小窝用干草和干苔搭就，上面有顶盖，侧面还有一扇小门。

鼯鼠、木蠹曲、蠹虫、啄木鸟、山雀、椋鸟、猫头鹰和其他鸟类等，它们把家安在树洞里。

知识拓展

鼯鼠：也称飞鼠，是一种脚趾间有一层薄膜的松鼠，可在树林中快速滑翔。

鼹鼠、田鼠、獾、灰沙燕、翠鸟以及各种昆虫，它们的家在地底下。

河榧子和银色水蜘蛛则把家安在水底下。

谁的房子最好

我们的通讯员想从动物们的居所中，找出最好的一个。

然而，这并不容易！

鸟的居所中，雕的巢穴最大，它的巢用粗树枝

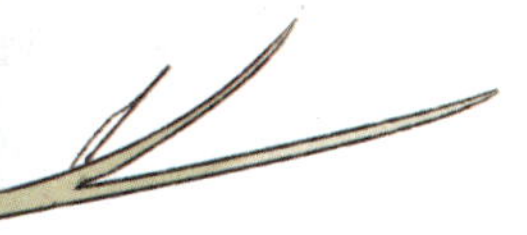

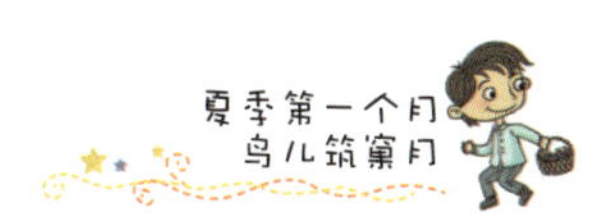

筑成，造在高大粗壮的松树上。

黄脑袋戴菊鸟的窝最小，只有小拳头那么大。因为它的个头儿比蜻蜓还小呢！

田鼠的窝有许多备用的通道和出入口，谁也别想在它的窝里逮住它。

卷叶象鼻虫的窝最精巧。卷叶象鼻虫是一种甲虫，生有长吻。它啃下白桦树叶的叶脉，等叶子枯萎后再卷成筒状，用唾液粘上。雌虫就在圆筒状的小窝里产卵。

最简单的是勾嘴鹬和欧夜鹰的窝。花脖子的勾嘴鹬干脆把自己的四个蛋产在小河边的沙地上，昼伏夜出的欧夜鹰则把蛋产在树下的枯树叶堆里。这两种鸟是不会花工夫去筑巢的。

最美丽的是反舌鸟的窝。它将窝建在白桦树枝上，用苔藓和轻薄的桦树皮做装饰。为了美观，它还把人们扔在别墅花园里的彩色纸片编在窝上当饰品。

长尾山雀的窝最舒服。这种鸟又叫汤勺鸟，因为它的模样很像舀汤用的勺子。它的小窝有两层，内层用绒毛、羽毛和兽毛编成，外层则用苔藓和地衣织成。小窝圆圆的，形状像小南瓜。入口在窝顶的正中间，同样圆圆的，小小的。

> **知识拓展**
>
> 地衣：藻类和真菌共生的复合体。由于菌、藻长期紧密地长在一起，形成了单独固定的有机体。

河榧子幼虫的小窝最轻便。河榧子属昆虫类，有翅膀。它们落地后，会将收拢的翅膀盖在背上，遮住全身。可河榧子的幼虫并没有翅膀，它们光着身子，无法蔽体。河榧子生活在小河或小溪的底部。幼虫会找一根跟自己差不多长的细树枝，或芦苇秆儿，用沙泥在上面粘一个小圆筒，自己倒爬进去。

这太方便了。

它们要么藏身在小圆筒里，安安心心睡大觉，谁都发现不了；要么就伸出前脚，直接背起房子在河底溜达会儿，反正房子轻便得很！有一只河榧子幼虫，找到一根丢弃在河底的香烟嘴儿，就爬了进去，跟着香烟嘴儿旅行了一番。

银色水蜘蛛的窝最奇妙。水蜘蛛在水底下的水草间织了一张蜘蛛网，又用它那毛茸茸的肚皮从水面上带回一些气泡，放在蜘蛛网下面。水蜘蛛就住在这种有空气的小房子里。

> **知识拓展**
>
> 水蜘蛛：唯一生活在水里的蜘蛛。水蜘蛛会在水中以蛛丝构筑一个钟形巢，使其倒挂于水草上，以其腹部细毛间的气泡将空气运回巢里。

林中大事记

狐狸是怎么撵走老獾的

狐狸遭殃了！它洞穴里的天花板塌了，还差点压死了小狐狸崽子。

狐狸一见大事不妙，不得不选择搬家。

狐狸去找獾。獾的洞穴出了名的好，是它自己动手挖出来的。洞里有多个进出口，还有很多备用的地道，用来应付敌人的突然袭击。

獾的洞很宽敞，住两大家子绰绰有余。

狐狸请求獾，借一间房子给它，獾直接拒绝了。獾是个很讲究的房东，家里一定要干净整洁才行，拖家带口的狐狸怎么能搬进来呢！

獾赶走了狐狸。

“好哇！”狐狸琢磨着，“咱们走着瞧！”

狐狸装模作样地钻进林子，可实际上它就躲在灌木丛的后面，悄悄地坐在那儿等机会呢。

獾探头往外一看，没发现狐狸，以为它早走了。獾就离开洞穴到林子里去觅食蜗牛了。

狐狸迅速溜进獾的洞穴，在里面拉了一坨屎，又把洞里摆放整齐的东西全部弄乱，然后溜之大吉。

獾回来一看，老天哪！洞里为什么这么臭！它懊恼地哼叫一声，只好去别的地方重挖新居了。

这正中了狐狸的下怀。

知识拓展

獾：食肉目鼬科杂食动物，擅长挖洞，有冬眠习性，脸部有黑白相间的条纹，性喜洁。

狐狸把小狐狸崽子全叼了过来，搬进了舒舒服服的新家。

变戏法儿的花

草地和林间的空地上，绛紫色的矢车菊盛开了。矢车菊和伏牛花一样，都会变小戏法儿。

矢车菊开的不是一朵一朵的花，而是一个个花序。它那些美丽的、蓬松的小花都是无实花。真正的花是很多深绛紫色的管状花，被无实花包围在正中间。管状花里才有雌蕊和会变戏法儿的雄蕊。

只要碰一下那绛紫色的小管子，它就会朝旁边一歪，从里面撒出一团花粉来。

过一会儿，你再碰一下小管子，它又会歪一下，再撒出一团花粉来。

它就是这么变戏法的！

燕子做窠

6月25日。

我每天都能看到，燕子们忙忙碌碌衔泥做窝的样子。它们一大早就起来工作，中午才休息两三个小时，然后继续忙着修补建造，直到太阳下山。然而一直衔泥往上粘也粘不住，得让稀泥变干才好粘呢。

现在，燕子的窝看上去就像一轮下弦月，也就是月亮由圆变缺，两只尖角向右时的模样。

我非常清楚，燕子窝的左右两边为什么不能均匀

知识拓展

下弦月：由于农历二十二日或二十三日夜间只能看到月亮的东半边，因此称为下弦。

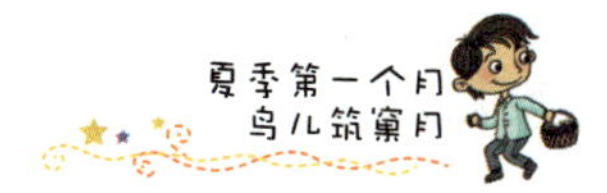

增长。因为这是雄燕子和雌燕子一起做的窝，而它们下的功夫却完全不同。雌燕子衔泥回来后，一直很卖力地往窝的左侧粘泥，而且衔泥的次数也比雄燕多得多。

雄燕子一旦飞走，几个小时都不回来，它肯定是跟别的燕子们在云彩下追逐打闹呢！雄燕衔泥回来后总是朝右边落下，它做窝的速度自然赶不上雌燕，因此，燕子窝的右边永远比左边短一截。

雄燕子真懒！它也不感到害羞！再怎么说，它的力气可比雌燕子大得多哩！

6月28日。

燕子不再衔泥了，它们开始往窝里衔干草和绒毛，好铺成一个舒服的床垫子。我没想到，燕子们能把工程的进度计算得如此精准——原来，窝的两边本来就不应该均匀地增长！

雌燕把窝的左侧一直筑到了顶，而雄燕负责的右侧却始终没有筑完，瞧着就像一个右边缺了一角的泥球。但实际上，右上角留的这个缺口，就是燕子窝的一扇门。要不燕子怎么回家呢？闹来闹去，我把雄燕给冤枉了。

晚上，雌燕就搬进新家过夜啦。

6月30日。

燕子窝筑成了。雌燕子待在家里没再出去过，也许它已经产下第一枚蛋了。

大公猫时不时会爬上屋顶，探头探脑地往屋檐下张望。它是不是也在等着小燕子出世呢?

7月13日。

两周了,雌燕子一直待在窝里,只有中午最热的时候,它才会飞出去——这个时候,柔弱的蛋才不会受凉。

雌燕子在屋顶上空来回飞了一阵,捕苍蝇吃。然后它飞到池塘边,贴近水面找水喝,喝够了,又飞回了窝。

今天,雌燕和雄燕开始频繁地从窝里进进出出了。

有一次,我看见雄燕子嘴里衔着一片白色的甲壳,雌燕子嘴里衔着一只小虫儿。

这么说,窠里的小燕子已经孵出来啦。

7月20日。

大事不好啦!

好可怕!大公猫爬上屋顶,把身子倒悬在屋檐上,正用爪子掏窝里的小燕子。小燕子啾啾地叫着,好不可怜!

在这关键时刻,不知从哪儿飞来一大群燕子,它们大声嚷嚷着,围着公猫焦急地拍打着翅膀,几乎能撞到公猫的脸。

哎呀!

有一只燕子差点被公猫的利爪逮住!

真是不得了!

公猫又扑向了另一只燕子……

知识拓展

孵蛋:蛋是一些陆生的卵生动物所产的卵,胚胎外面包有防水的壳。鸟类、爬行类及哺乳类中的鸭嘴兽和针鼹科动物都会下蛋。蛋的孵化要有适宜的温湿度环境,否则胚胎就会在蛋壳中死亡。

太好了！

这个可恶的灰色强盗脚下一滑，扑了个空，“扑通”一声从屋檐上摔下去了……

虽然没有摔死，可也够它受的了。它喵喵地叫唤着，跛着三条腿，灰溜溜地跑了。

活该！

大公猫从此再也不敢招惹燕子了。

农事记

黑麦长得比人还要高，已经开花了。

庄员们正在割草，有的人用镰刀，有的人使用割草机。

割草机在草场上挥动着光溜溜的“手臂”，一行行牧草整齐地倒在它的后面，散发着浓郁的草香味儿。

女孩子跟着男孩子一起出去采摘浆果。

从6月开始，阳光照到的小坡上，甜甜的草莓就成熟了。现在草莓更多了！

森林里，黑莓果和覆盆子正在成熟。长满苔藓的林间沼泽地上，结满籽儿的云莓果由白色变成红色，又由红色变成金黄色。

喜欢哪种浆果，就采哪种吧！

孩子们很想多采摘些，可家里还有很多活儿等着他们回去干呢！他们要给菜园子浇水，还要给菜畦除草。

知识拓展

黑麦：一年生或越年生草本植物，耐寒能力很强，较耐旱。黑麦叶是多种家畜和家禽喜食的优质牧草。黑麦能够提高土壤肥力。

集体农庄新闻

牧草的埋怨

牧草埋怨说，集体农庄的人们欺负它们。牧草正准备开花呢，有些牧草甚至已经开了花，白色的羽毛状柱头从穗子里探出头来，细茎上挂着沉甸甸的花粉。

一批割草的人突然来袭，把所有牧草都齐根割断，如今它们开不了花了，只能继续长高！

本报通讯员对此事进行了调查。

原来，庄员们把割下来的草晒成了干草。他们要为牲口备好足够越冬的干草。因此庄员们做得没有错，这样能够收割更多的牧草。

> **知识拓展**
>
> 牧草：指具有饲用价值、以草本植物为主的植物，一般具有产量高、耐收割、耐放牧等特性。优良牧草往往还有改良土壤、保持水土等功能。

地里喷了神奇的水

杂草碰到这种神奇的水（除草剂），就没命了。对它们来说，这是要命的水。

可是庄稼碰到这种神奇的水，反而会更加生机盎然，兴高采烈。对它们来讲，这是用来活命的水，不仅没有害处，还能改善庄稼的生长环境，帮它们消灭大敌——杂草。

> **知识拓展**
>
> 除草剂：农药的一种，可使杂草枯死。大多有毒，须严格控制用量。

浆果之旅

很多浆果都熟了。

知识拓展

茶藨果：藨读为标，指一种莓果，也写作藨。茶藨果可泛指虎耳草科茶藨子属植物的果实，如黑加仑、灯笼果等；亦特指黑茶藨子。

像树莓、醋栗和茶藨果等，它们该准备一番，动身去城市了。

醋栗不怕路途遥远，它干脆地说："运我去吧！我能坚持住。越早动身越好。我如今还没熟透，硬硬的。"

茶藨果也说："只要包装时注意些，我就能够完好无损。"

树莓早就泄气了，它说："你们还是别碰我为好，让我留在原地吧！生活中我最怕颠簸了。颠来颠去，我就变得稀巴烂了！"

猎事记

稀罕事儿

我们这儿发生了一件不寻常的事儿。

一个牧童急匆匆地从牧场奔回来，嚷嚷道：

"小牛被猛兽咬死啦！"

大家放下手头的活儿，全跑到牧场去一看究竟。

牧场里，一片僻静的小树林边上，躺着那头被咬死的小牛的尸体。它的乳房被吃掉了，后颈处被咬断了，其他部位完好无损。

"肯定是熊干的，"猎人西尔盖说，"熊总是这样，咬死后就不管了，等尸体腐烂发臭了，它再回来吃。"

"错不了，"猎人安德烈表示赞同，"这事用不着争论。"

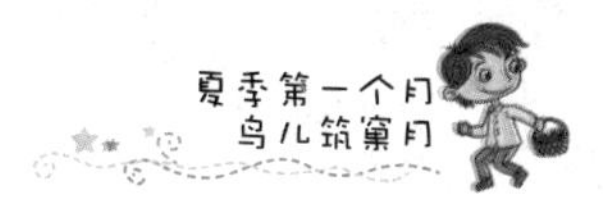

塞苏伊奇仔细检查起地上的痕迹来，“不对，”他说，“熊不会来这儿的。”

西尔盖和安德烈耸了耸肩，说：“随便你怎么想吧！”

庄员们都散去了，塞苏伊奇也走了。西尔盖和安德烈砍了一些树条，在附近的松树上搭了个棚子。

这时，塞苏伊奇又扛着他的猎枪回来了，身边还跟着他的猎犬小卡。

他又仔细地检查了一遍小牛尸体附近的土地，还莫名其妙地把附近的几棵树木察看了一番。

然后，他就进了林子。

这个晚上，西尔盖和安德烈就守在棚子里。

然而他们守了一整夜，却并没有等来野兽。

又守了一夜，熊还是没有来。

到了第三夜，熊仍旧没来。

两个猎人失去了耐心，聊起天来：“也许我们漏掉了一些重要的线索，塞苏伊奇却正好留意到了。他说得没错，熊果然没有来！”

“不如我们去问问他，如何？”

“没办法了，只得问他了。”

两个猎人去问塞苏伊奇，对方刚好从林子里回来了。塞苏伊奇把一个大袋子扔在地上，就擦拭起自己的枪来。

西尔盖和安德烈对他说：“你说对了，熊没有来。这到底是怎么回事？请你告诉我们吧。”

“你们什么时候听过，”塞苏伊奇问他们俩，“熊咬死小牛后，吃掉了母牛的乳房，却偏偏丢下了牛肉？”

两位猎人彼此对视一眼，说不出话来。熊确实不会如此胡闹。

“地面上留下的脚印儿，你们察看了吗？”塞苏伊奇接着问他们。

“看过啊，脚印很宽，有20多厘米呢。”

“脚爪印大吗？”

两个猎人被问住了，他们非常惭愧地说：“我们没有看到脚爪印。”

“那就对了！如果是熊的脚印，那么第一眼看到的就应该是脚爪印。你们说，什么野兽走起路来会收起爪子？”

“狼！”西尔盖脱口说道。

塞苏伊奇轻蔑地哼了一声：“果然是个善于辨认脚印的猎人！”

“得了吧！”安德烈说，“狼脚印和狗脚印差不多，只是稍大了点儿，窄了点儿。只有猞猁，猞猁是缩起爪子来走路的，脚印也是圆圆的。”

知识拓展

猞猁：猫科动物，体形似猫大，耳尖生有黑色簇毛。居于北温带寒冷地区。欧洲中世纪时曾因耳尖簇毛被当作魔鬼的象征遭到广泛捕杀。国家二级保护动物。

在这一章中，人们在地里喷了一种神奇的水，能够除去杂草而不伤农作物，这种水就是除草剂，是农药的一种。农药广义上指一切农业药剂，狭义上指防治危害植物及农林产品的昆虫、病菌、杂草、蜱、螨、线虫、软体动物、鼠等的药剂，以及能调节植物生长的药剂和使这些药剂效力增加的辅助剂、增效剂等。除了除草剂，杀虫剂也是一种常用农药，但农药的使用非常复杂，使用方法不当、药物选择不当、剂量使用不当等都会产生毒素残留、环境污染等问题。

回味思考

你见过哪些浆果？

你见过哪些动物的脚印？

写作素材

好词

转瞬即逝　心计　大事不妙　绰绰有余　溜之大吉

探头探脑　生机盎然　一看究竟　完好无损　轻蔑

好句

森林里，黑莓果和覆盆子正在成熟。长满苔藓的林间沼泽地上，结满籽儿的云莓果由白色变成红色，又由红色变成金黄色。

夏季第二个月

幼鸟出世月

快速阅读思维导图

动物们的宝宝都在这个月出生了 → 妈妈们无微不至地照看自己的孩子；孩子们在森林里采摘浆果和蘑菇；人们用拔麻机收割亚麻；拖拉机拖着联合收割机收庄稼 → 猎人在幼鸟幼兽成长的季节只能捕猎猛兽

一年——分为十二个章节的太阳诗篇

知识拓展

7月：7月有小暑和大暑两个节气。英文7月（July）源自恺撒大帝的中间名尤利乌斯（Julius）。

7月！

正是盛夏时节，它不知疲倦地装扮着大地上的一切，它命令稞麦低头向大地鞠躬致敬。燕麦早已穿上长袍，而荞麦连衬衫都没有穿。

绿色植物用阳光塑造着自己的身躯。一眼看去，成熟的稞麦和小麦就像金灿灿的海洋。我们把它们贮藏起来，足够一年食用。我们为牲畜贮备好了草料。

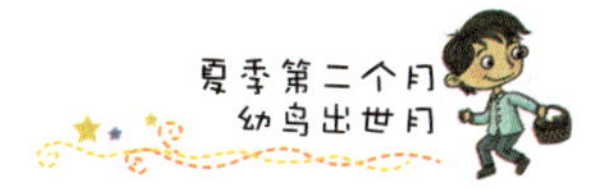

瞧，无边的青草已被割倒，小山似的草垛已被堆起了。

小鸟们变得沉默寡言。它们顾不上唱歌了，因为各个鸟窝里都有了雏鸟。刚出生的鸟儿浑身光溜溜的，没长毛，眼睛也未睁开，需要父母亲照顾很久。不过无论是地上、水中还是林子里，甚至空中，到处都有小鸟的食物，足够喂饱所有幼鸟！

森林里，遍地都是甜美多汁的果实，如草莓、黑莓、覆盆子和醋栗。北方生长着金黄色的云莓，南方的果园里则生长着樱桃、草莓和甜樱桃。草场脱下金黄色的外衫，换上缀着野菊花的新装——白色的花瓣反射着灼热的阳光。这个季节，我们千万别跟“光明之神”太阳闹着玩——它的爱抚一不小心就会将我们灼伤！

知识拓展

云莓：一种匍匐在地上生长的草本植物，生长在沼泽中。果实在生长过程中会多次变色，成熟后变为琥珀色。是一种甜美多汁、香气扑鼻的浆果。

林中大事记

森林里的小宝宝

罗蒙诺索夫城外有一片大森林，森林里住着一头年轻的母麋鹿。鹿妈妈今年生了一头小麋鹿。

白尾雕的窝里，有两只小白尾雕。

黄雀、燕雀和黄鹀，各孵出五只幼鸟。

歪脖鹅——一种啄木鸟，孵出八只幼鸟。

长尾山雀有十二只幼鸟。

灰山鹑有二十只幼鸟。

刺鱼窝里的每颗鱼卵都能孵出一条小刺鱼。一个窝里有一百多只小刺鱼呢！

知识拓展

罗蒙诺索夫城：位于圣彼得堡以西芬兰湾南岸，科特林岛正南方。背山面海，风景秀丽，城外有大片的森林。

一条鳊鱼有数十万个孩子。

鳘鱼的孩子更是多不胜数，有百万条之多！

无微不至的妈妈们

麋鹿妈妈和所有的鸟妈妈们，对自己的孩子们都关怀备至。

麋鹿妈妈为了保护自己唯一的孩子，即使献出生命也在所不惜。如果熊敢袭击小麋鹿，麋鹿妈妈就会前后脚并用，对熊一通乱踢，保管叫熊再也不敢靠近小麋鹿。

本报通讯员在田野上偶遇了一只小山鹑，它从通讯员脚边蹿出来，又一溜烟地躲进了草丛里。通讯员们捉住了它，它一个劲儿地啾啾直叫。山鹑妈妈不知从哪里冒了出来，它一见自己的孩子被别人抓住，急得咕咕叫唤着，猛地扑向通讯员，却不慎摔在地上，耷拉着翅膀。

通讯员们以为它受伤了，赶紧丢下小山鹑，跑去看山鹑妈妈。

山鹑妈妈一瘸一拐地往前走，通讯员们眼看就能捉住它了，可刚一伸手，它就闪到一边。通讯员们追呀追，山鹑妈妈突然拍打着翅膀，大模大样地飞走了。

通讯员回头去找小山鹑，才发现小山鹑早就没影了。原来山鹑妈妈为了救自己的孩子，竟装出受伤的样子，把通讯员们从孩子身边引开。它对自己的每个

知识拓展

山鹑：山鹑属鸟类的统称。除繁殖期外多为群体活动，善于奔跑和隐蔽。它们飞行速度快，但难以持久；飞行高度较低，常贴地飞行。

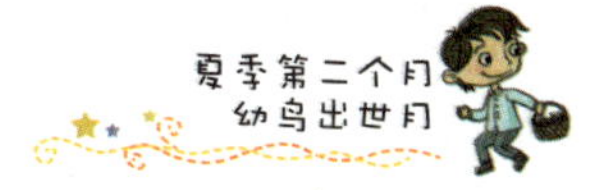

孩子都关怀备至，因为它只有二十个孩子呀！

浆果成熟了

森林里，很多浆果都成熟了。果园里，人们正忙着采摘树莓、红色和黑色的茶藨果，以及醋栗。

森林里也能找到树莓。树莓是一种丛生灌木，它的茎很脆弱，你如果从一片树莓丛中走过去，难免会碰折它们的细茎，这时脚下就会传来噼噼啪啪的响声。然而这并不能对树莓造成伤害，因为这些挂满浆果的树茎，只能活到入冬前。瞧，这是它们的下一代。地下的根又新长出了很多娇嫩的茎，它们钻出了地面，毛茸茸的，满是细刺儿。明年夏天，它们又能开花结果了。

灌木丛、草墩子旁和伐木空地的树桩子旁，越橘果已经红了半边脸，很快就成熟了。

越橘果一串串地挂在枝头，沉甸甸的。最大最多的那几串果实，把茎都压弯了，只能在苔藓上躺着。

好想把越橘移植到自己家里啊，那样一来，浆果是不是就会长得更大些？然而人工培植越橘的技术如今还不成熟。越橘果能够存放一整个冬天。想吃的话，只要拿开水冲或直接捣碎，就有果汁了。

越橘果为什么不会腐烂呢？因为它能自我防腐。越橘中的安息酸，能够让浆果保持新鲜。

知识拓展

越橘果：杜鹃花科越橘属植物。此处专指欧洲越橘，多生长于斯堪的纳维亚半岛，是松鸡们的主食。越橘也可药用，越橘果止泻痢，味酸甘，性平，归胃、大肠经；越橘叶解毒利湿，味苦涩，性温，有小毒，归肾、膀胱经。

农事记

收割庄稼的季节到了。黑麦田和小麦田就像一望无际的海洋。麦穗长得又高又密，个个颗粒饱满。这些金色的麦浪很快就会变成麦粒，流进大大小小的粮仓。

亚麻也成熟了。庄员们在田里忙着拔麻，用拔麻机拔麻速度特别快！女庄员们一路跟着拔麻机，把倒下的亚麻捆成一捆一捆的，堆成垛，每垛十捆。没多久，亚麻田里就堆满了亚麻垛，好像一列列士兵。

山鹑一家不得不搬家了，它们从秋播的黑麦田转移到了春播的田地里。

开始收割黑麦了，饱满壮实的黑麦纷纷倒在割麦机的钢锯之下。庄员们把麦子扎成捆，再堆成垛。麦垛堆在田里，就像运动会上列队接受检阅的运动员。

胡萝卜和甜菜成熟了，菜园里的其他蔬菜也都成熟了。庄员们把它们运到火车站，再用火车把它们运到城里去。这些日子，城里的人们都能吃到新鲜可口的黄瓜、甜菜做的红菜汤和胡萝卜馅饼了。

孩子们忙着在林子里采蘑菇、成熟的树莓和越橘果。这些天，但凡有榛子林的地方，就少不了采榛果的孩子们，谁都别想赶走他们。他们采呀采，把口袋装得满满当当的。

知识拓展

甜菜：藜科甜菜属二年生草本植物，块根含蔗糖，是甘蔗以外重要的糖源，主要分为菜用甜菜、糖用甜菜和饲料甜菜。

俄式红菜汤：最具代表性的欧洲甜菜汤，罗宋汤就是由上海人改良的番茄版红菜汤。罗宋是俄罗斯（Russia）的谐音，东北称为苏舶汤，意为苏联舶来的汤。

大人们这会儿没工夫去采榛子，他们正忙着割麦子、打麻呢！秋播地需要用速耕小犁耕一遍，还得再耙一遍，因为马上就要播种秋播作物了。

集体农庄新闻

> **知识拓展**
>
> 联合收割机：能够一次完成谷类作物的收割、脱粒、清除杂物等工序，是从田间直接获取谷粒的收获机械。

田里一切都进行得很顺利，农作物都成熟了。用不了多久又要播种秋播作物了。

拖拉机把联合收割机拖到地里。联合收割机能干的活儿可多了：收割、脱粒、簸分，它样样都行。联合收割机刚开到麦田时，黑麦长得比人还要高，当它从麦田里开走时，田里只剩下低矮的残株。联合收割机交给庄员们的是干净的谷粒。谷粒被人们晒干，装进麻袋，运去政府，交给国家。

猎事记

这个季节，幼鸟还没长大，也没完全学会飞行，猎人们要怎么狩猎呢？他们不能猎幼鸟幼兽。法律也允许在这个时期猎捕鸟兽。

不过，对于那些专吃林中小动物的猛禽，以及危害人类的野兽，即使是夏天，法律也是允许狩猎的。

夏猎开始

从 7 月底开始，猎人们就等得心急如焚，急不可耐了。窝里的幼鸟已经长大，然而政府还没有把今年夏季狩猎的具体日期确定下来。

这一天终于被盼来了，报纸上的公告宣布，今年的夏猎期从8月6日开始，允许猎人狩猎森林和沼泽地的飞禽走兽。

猎人们都备足弹药，反复检查猎枪。8月5日这天下班之后，城市里的火车站人满为患，随处都能看到扛着猎枪、牵着猎犬的猎人。

火车站的猎犬应有尽有！短毛猎犬和光毛猎犬的尾巴都是直的，像条鞭子。猎犬的颜色也不尽相同：有白色带着黄色斑点的；有黄色带花斑的；有棕色带花斑的；还有通体白色，眼睛、耳朵和全身带着黑斑的；有深褐色的，也有全身毛色乌黑发亮的。

长毛短尾的谍犬有毛色发白带小黑斑的，黑斑闪着青灰色的光，也有白色带大黑斑的。红毛的长毛猎犬有全身黄红色的，有全身火红色的，也有全身接近纯红色的。那些体形很大的猎犬，它们身体笨重，行动迟钝，全身黑色，夹带着黄色的斑点。

这些都是针对夏猎专门驯养的猎犬，为的是狩猎那些刚出窝的野禽。它们经过专业训练，一旦嗅到野禽的气味，就会停下脚步，乖乖待在原地，等主人过来。

还有一种长毛短腿的矮个儿猎犬，它们的耳朵很长，快要耷拉到地上了，尾巴很短。这是西班牙猎犬。它们不会帮主人指示野禽的方向，但是带着它们在草

知识拓展

沼泽：因地面长期积水或土壤长期过湿，致使土壤表层有机质堆积过多而缺乏植物养料的灰分元素的土地。沼泽土壤剖面的上部有腐殖质层和泥炭层，下部有蓝灰色潜育层。俄语中的沼泽一般指泥炭层达到30厘米以上的湿地。沼泽里植物茂盛，动物众多，以6%的地表面积为20%的已知物种提供了生存环境，在保护生物多样性、改善水质、调节小气候等方面有着极其重要的生态功能。

从中或是芦苇丛中打野鸭，或者在灌木丛里打松鸡，却是极其方便的。无论飞禽躲在哪儿——水里、芦苇丛里，或是茂密的灌木丛里，这种猎犬都能把它们撵出来。如果飞禽被打死或打伤了，不管它掉落到哪儿，猎犬都能找到它，并衔回来交给主人。

大部分猎人都坐近郊的火车去打猎，每节车厢里都能看到猎人。车上的乘客无不注意他们，欣赏他们的猎犬。他们谈论的话题也离不开野味、猎犬、猎枪和狩猎的事迹。猎人们觉得自己已经变成英雄了，他们看着这些没带猎枪和猎犬的乘客们，只觉得对方都是“平常人”，神色间难掩得意。

6 日晚上和 7 日早晨，火车载着猎人们又回到城里。然而并不是每个猎人都能有所收获。好多猎人垂头丧气的，肩上挂着干瘪瘪的背包，别提多沮丧了。

当人们看到一个从小站上车的猎人时，无不发出由衷的赞叹声，因为他的背囊鼓鼓的。他不看任何人，径自忙着找座。人们争相给他让座，他就大模大样地坐了下去。然而他的邻座却眼尖得很，对着全车厢的乘客说：“哎呀……你的野味儿怎么长着绿色的爪子呀！”说着，他毫不客气地掀开了对方背囊的一角。

背囊里露出云杉的树枝梢儿。

真让人无地自容呀！

知识拓展

犬的嗅觉：强大的嗅觉是犬的独特本能。犬的嗅觉是人类的1200倍，其鼻腔的内面积和嗅细胞、鼻腔连接脑部的神经都远比人类发达。猎犬能找回猎物，人类训练搜救犬、缉毒犬、血迹犬等，都是对犬的这一优势的利用。

农业具有非常强的季节性。5月正是夏收时节，春播作物成熟了。用来收割这些作物的是拖拉机拖着的联合收割机。在机械收割出现之前，成熟的农作物如果不能及时收割并晒干就会霉烂。而要完成这一系列工作，往往需要大量的人力和适宜的气候条件，因此造成的损失也是很大的。完成夏收之后，还要抓紧时间进行秋播。这时，播种机就派上用场了。

回味思考

在这个月里，黑麦、小麦、亚麻、胡萝卜、甜菜都成熟了，这些作物都可以做些什么，你知道吗？

写作素材

好词

沉默寡言　一溜烟　一瘸一拐　满满当当　心急如焚

急不可耐　人满为患　应有尽有　垂头丧气　无地自容

好句

草场脱下金黄色的外衫，换上缀着野菊花的新装——白色的花瓣反射着灼热的阳光。

夏季第三个月

结队飞翔月

快速阅读思维导图

8月的阳光开始变得虚弱无力 → 较大的蔬菜和水果就快成熟了；幼鸟们亦步亦趋地跟着长辈们学习；各种食肉动物到处都能捕到猎物；拖拉机在田里忙着播种秋播作物 → 人们用粗耕机翻土使杂草发芽以消灭杂草

一年——分为十二个章节的太阳诗篇

知识拓展

8月：英文8月（August）源于第一位罗马皇帝屋大维的尊号奥古斯都（Augustus）。

8月——闪光之月。

夜里，一束束转瞬即逝的闪光悄无声息地照亮了森林。草地在夏季里换了最后一次装。现在的草地五彩缤纷，花朵的颜色越来越深，也越来越暗，有蓝色的、淡紫色的。阳光逐渐变得微弱无力，草地得珍惜这越来越弱的阳光了。

蔬菜、水果这类较大的果实就快要成熟了，树莓、越橘这类晚熟的浆果也快要成熟了，沼泽地里的越橘、树上的花楸果已经快要熟透了。

一些蘑菇长出来了，它们不喜欢灼热的阳光，就藏身在阴凉处，活像一个个小老头。

树木也不再长高、变粗了。

森林里的小家伙们都长大了，纷纷出窝闯荡了。

春天时鸟儿都成双成对，结伴住在自己的地盘上，现在却拖儿带女地满森林游荡。

林中的居民们忙着互相拜访。

就连野兽和猛禽也不再严守领地了，猎物到处都是，足够大家分享。

貂、黄鼠狼和白鼬到处乱逛，无论哪里都有吃食。傻里傻气的小鸟、不谙世事的小兔和粗心大意的小老鼠都是它们的捕食对象。

鸣禽成群结队，它们在灌木和乔木间穿梭。

鸟群里有个规矩，幼鸟必须时刻效仿长辈的一举一动。长辈们不慌不忙地啄食，幼鸟就跟着啄食；长辈们抬起头一动不动，幼鸟也需这样做；长辈们如果逃走，幼鸟也得跟着逃跑。

> **知识拓展**
>
> 蘑菇不喜欢阳光：蘑菇因为没有叶绿素，不需要依靠光合作用制造有机物质来供给自身营养，也就不需要接收光照，因此一般生长于阴暗潮湿的地方。过强的光线反而会对蘑菇的生长和发育造成负面影响。

林中大事记

捉强盗

柳莺成群结队地满森林迁徙着。从一棵树搬到另一棵树，从这片灌木丛搬到那片灌木丛，每一棵树、

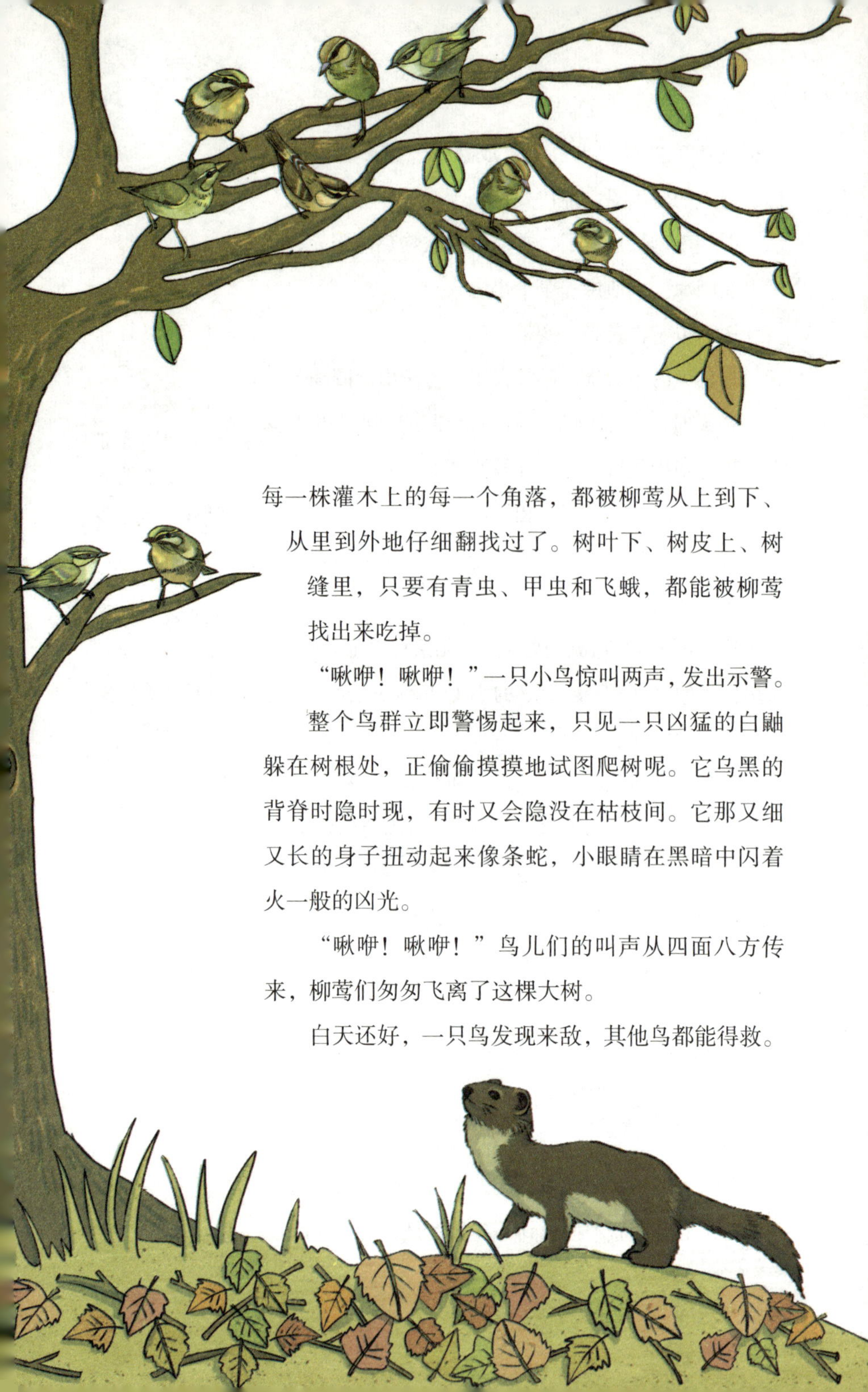

每一株灌木上的每一个角落，都被柳莺从上到下、从里到外地仔细翻找过了。树叶下、树皮上、树缝里，只要有青虫、甲虫和飞蛾，都能被柳莺找出来吃掉。

“啾咿！啾咿！”一只小鸟惊叫两声，发出示警。

整个鸟群立即警惕起来，只见一只凶猛的白鼬躲在树根处，正偷偷摸摸地试图爬树呢。它乌黑的背脊时隐时现，有时又会隐没在枯枝间。它那又细又长的身子扭动起来像条蛇，小眼睛在黑暗中闪着火一般的凶光。

“啾咿！啾咿！”鸟儿们的叫声从四面八方传来，柳莺们匆匆飞离了这棵大树。

白天还好，一只鸟发现来敌，其他鸟都能得救。

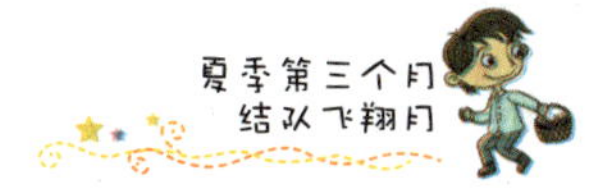

一旦夜晚降临，鸟儿们都蜷缩在枝丫间睡觉，敌人却不会睡觉！

猫头鹰悄无声息地扇动着柔软的翅膀，飞到猎物跟前，看准目标后，猛地用爪子一抓！睡得正香的鸟儿被惊得四下逃窜。可还是有两三只没能逃脱强盗的利爪。夜晚真是太危险了！

鸟群继续往森林的更深处迁徙。它们轻盈地穿过层层叠叠的树木枝叶，去往更隐蔽的角落。

密林中有一个粗树桩子，上面长着一朵模样古怪的蘑菇。

一只柳莺向蘑菇飞去，它想去那儿找蜗牛吃。

突然，蘑菇灰色的茸帽儿自己升了起来，露出一双圆溜溜的、闪着亮光的眼睛。

柳莺这才注意到，“蘑菇”有一张猫儿一样的圆脸，圆脸上有钩子似的弯嘴巴。

柳莺吓了一跳，赶紧闪开。它连声尖叫：“啾咿！啾咿！”

鸟群迅速骚动起来，然而鸟儿们都没有逃走，它们朝着树桩聚过来，将其团团围住。

“猫头鹰！猫头鹰！求救！求救！”

猫头鹰的嘴巴愤怒地一张一合，吧嗒直响，像是在说：“哼！你们竟敢主动找上我！连个安稳觉都不让我睡！”

鸟儿们听到柳莺的求救，纷纷从四面八方赶过来。

知识拓展

猫头鹰捕食：猫头鹰的羽毛稠密而松软，飞行时悄无声息；眼睛的瞳孔很大，有出色的深度感知能力，在光线暗淡时也能清晰视物；耳鼓和听觉神经发达，能够在黑暗中准确定位声音来源。这些都使其捕猎的效率极高。猫头鹰的食物以鼠类为主，但也会吃昆虫和小鸟。

捉强盗！

体形小巧的黄顶戴菊鸟从高大的云杉上冲下来，灵巧的山雀从树丛里跳出来，它们勇敢地加入冲锋的队伍，不停地在猫头鹰的眼前翻飞腾挪，嘲弄它：“来啊！来捉我们呀！追过来吧！光天化日之下，你敢试试吗？你这个卑鄙的夜行大盗，强盗！”

知识拓展

黄顶戴菊鸟：小型鸟类。上体橄榄绿色，头顶中央有柠檬黄或橙黄羽冠，两侧有明显的黑色侧冠纹，因而又称黄顶戴菊鸟。主要为留鸟，部分游荡或迁徙。

猫头鹰只能把钩嘴拍得嗒嗒响，眨巴着眼睛，大白天，它又能做些什么呢？

鸟儿还在不断地赶过来，越聚越多。柳莺和山雀的喧哗声引来一大群勇敢又强大的松鸦。

猫头鹰吓坏了，它拼命挥动翅膀，迅速逃走了。还是逃命要紧，要不然松鸦会啄死它的。

松鸦和鸟群紧追不舍，它们追啊追，直到把猫头鹰逐出这片森林才罢休。

晚上，柳莺终于能安安稳稳地睡个好觉了。有了这次教训后，猫头鹰短时间内怕是不敢再回老地方了。

农事记

我们这儿各大农庄的庄稼都快收割完了，现在是田里最忙的时候。我们要把收获的最好的粮食缴给国家。各个农庄都争先把自己的劳动成果缴上去。

庄员们已经收割完了黑麦，接着要收割小麦；小麦收割完后，就要收割大麦；大麦收割完，就要收割

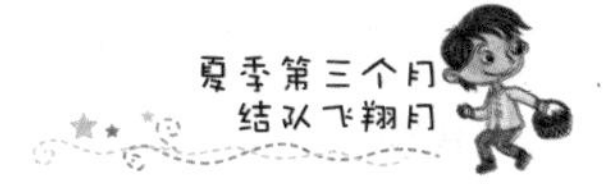

燕麦；燕麦收割完后，就该收割荞麦啦。

各个农庄里都有大车驶向火车站，一辆辆大车上都载满了一年的新收成，一路上都非常热闹。

拖拉机仍在田里忙碌：秋播作物已经播种完毕，如今正忙着翻耕春播地，为来年的春播做准备。

夏季的浆果已经过了时令，现在正是苹果、梨和李子成熟的季节。森林里有很多蘑菇。满是青苔的沼泽地上长着红彤彤的越橘果。村里的孩子们拿着长竿，正从花楸树上打落沉甸甸的花楸果。

山鹑这一大家子又遭殃了：它们刚从秋播作物地里搬到了春播作物地，现在又不得不从这块春播作物地转移到另一块春播作物地里。

最后，山鹑一家子躲到马铃薯地里。在那里，没有人会去打扰它们。

可不久后，庄员们又在马铃薯地里忙活开了，他们要挖马铃薯。马铃薯收割机开动起来后，孩子们燃起篝火，就地搭起土灶，直接烤马铃薯吃。他们的小脸儿都涂抹花了，黑乎乎的，瞧着怪让人害怕的！

灰山鹑迫不得已，又离开了马铃薯地。它们的孩子们终于长大了。现在国家已经允许猎人们打山鹑了。

必须得找一个既能藏身又方便觅食的地方啊！可哪儿有这样的地方呢？庄稼都收割完了——还好，秋播的黑麦苗已经长高了许多。那里不仅有食物，还能躲避开猎人敏锐的眼睛。

集体农庄新闻

迷惑战术

如今的田里，只剩下鬃毛似的麦秆。杂草都躲起来了。杂草可是农田的大敌呀！它成熟的种子落在地面上，根深深地扎进地下，只等春天到来。春天，人们在翻耕过的土地里种上马铃薯，杂草也会随之翻身，不断阻挠马铃薯的生长。

于是，庄员们想出一个妙计，决定骗一骗杂草。他们用粗耕机为田地松土，这时杂草种子被翻到土里，根茎也被截成一段段的。

杂草以为春天来了。你看天气多暖和，土壤又松又软。于是它们就高高兴兴地生长起来。草籽发了芽，一段段根茎也都发了芽，田里一片青绿。

杂草上当了，庄员们十分开心！等杂草都长出来，深秋时，我们再重新翻耕一遍土地，把杂草全都翻出来。等冬天一到，它们就会被全部冻死。杂草啊杂草！这回看你们再如何祸害马铃薯！

知识拓展

黄瓜的采收：采收黄瓜要看单个瓜的生长情况，长到符合采收要求时就摘下来，太早或太晚都不行。如果黄瓜成熟结籽就无法食用了。

公愤

黄瓜田里吵翻了天，黄瓜们愤愤不平地埋怨：“庄员们为什么频繁地来咱们这儿？咱们的嫩黄瓜都被他们摘走了！让它们安安生生地长大成熟该多好啊！”

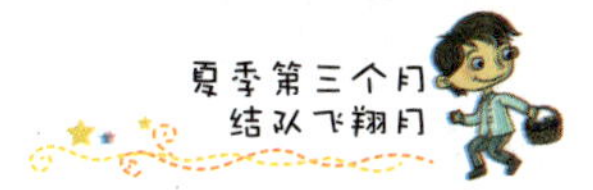

然而，庄员们只留了一小部分黄瓜当种子，其他的黄瓜都是趁着没有成熟的时候被采走了。未成熟的小黄瓜很鲜嫩，汁水还多，特别好吃。黄瓜成熟了，就不好吃了。

猎事记

猎野鸭

猎人们早就发现，小野鸭会飞以后，野鸭们就会成群结队地从一个地方飞到另一个地方。它们一个昼夜来回飞行两次。白天，它们躲进茂盛的芦苇丛内睡觉、休息。太阳落山后，它们就离开芦苇丛，飞往别处。

猎人已准备很久。他知道野鸭们要飞到田里去，于是就在那里候着它们。他躲在岸边的灌木丛里，面朝水面，那正是日落的方向。

太阳落下的地方，泛起红彤彤的霞光。野鸭们的黑色身影被霞光映衬得异常显眼。它们直接向着猎人飞了过来。猎人能轻而易举地瞄准目标。在灌木丛后出其不意地开枪，肯定能打中好多野鸭。

他开了一枪又一枪，天黑后才罢手。

晚上，野鸭们在庄稼地里觅食。

早晨，它们就要返回芦苇丛。

猎人等候在它们的必经之路上，他背向水面，面朝东方，已经埋伏妥当。

野鸭群又飞向了猎人的枪口。

知识拓展

霞光：日出或日落前后，因大气对阳光的折射、散射和选择性吸收所造成的太阳附近的天空色彩缤纷的现象。中国有“朝霞不出门，晚霞行千里”的谚语，意为霞光在早晨出现于西边天空说明稍后可能会有降雨，在傍晚出现于东边天空表示天气晴好。

帮手

一窝小琴鸡在林间的空地上觅食。它们就在离林子很近的地方溜达，一旦有情况，它们能立即躲到林子里逃命。

它们在啄食浆果。

一只小琴鸡听到草丛里有动静，它抬起头来，就看到草丛中露出一张可怕的兽脸——它肥厚的嘴唇耷拉着，两只眼睛闪着贪婪的光，紧盯住伏在地上的小琴鸡。

小琴鸡缩成一个极有弹性的团儿。它也盯着野兽，等待对方接下来的动作。只要野兽一动，琴鸡就会拍打它那强有力的翅膀，闪到一边，飞起来——有能耐就到空中来捉我吧！

时间怎么过得这么慢！野兽还盯着小琴鸡。小琴鸡不敢飞来，野兽也没有动弹。

一个威严的声音突然响起来：“向前冲！”

野兽扑向小琴鸡。小琴鸡拍打着翅膀飞了起来，箭一般地冲着救命的林子去了。

“砰！”林子里火光一闪，冒出一股青烟。小琴鸡在空中打了个旋，一头栽了下来。

> **知识拓展**
>
> 琴鸡觅食：琴鸡为山地森林鸟类，栖息于开阔地附近的松林、桦树林和混交林中。主要以植物的细嫩枝、叶、根、种子，浆果及杂草种子等为食，兼食昆虫。喙短，呈圆锥形，适于啄食植物种子；脚强健，具锐爪，善于掘地寻食。

白杨树林里的硬仗

云杉林里黑沉沉的。

万籁俱寂。

太阳刚刚沉到山的另一边。猎人不慌不忙地在安

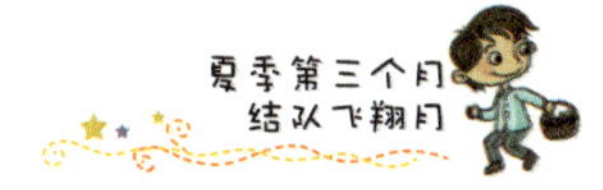

静、挺拔的树干间穿行。

前方传来“沙沙”的响声，就像风吹动树叶时发出的声音一样，前方肯定有一片白杨树林。

猎人停住脚步。

周围又静了，声音也没了。

接着，声音又响起来了，就像是稀疏的大雨点儿敲打树叶发出的响声。

“咔嚓，咔嚓，吧嗒，吧嗒，吧嗒……”

猎人轻手轻脚地往前走，白杨树林已经很近了。

“咔嚓，吧嗒，吧嗒，吧嗒……”声音突然又没了。

隔着浓密的枝叶，猎人什么都看不清。

猎人停下来，站在那儿一动不动。

看看谁更有耐心：是待在白杨树上的猎物呢，还是持枪埋伏在树下的猎人？

久久没有动静。林子里安静极了。

突然，声音又响了：“吧嗒，吧嗒，咔嚓……”

哈哈，到底还是把自己给暴露了。

树枝上停着一个黑乎乎的小身影，它正用喙啄着白杨树叶细细的叶柄，发出“吧嗒，吧嗒”的声音。

猎人瞄准目标，开了一枪。这只粗心的小松鸡就像沉甸甸的小石块，直直地从树上坠落下来。

这真是一场硬仗。

知识拓展

松鸡觅食：松鸡是鸡形目松鸡属陆禽，栖息于针叶林，喙短，呈圆锥形，适于啄食植物种子。以植物为食，尤嗜松、杉、桦树的嫩枝、叶和芽苞，也吃红松种子，夏季会吃浆果和少量昆虫，秋季会吃各种草籽。

一场智斗

浓密的云杉林中，猎人行走在一条安静的小

道上。

“扑啦，扑啦啦，扑啦啦！”

猎人的脚边飞起八只——不，是九只琴鸡，整整一窝呢！

猎人的枪还没端起来，琴鸡就已经呼啦啦地躲到茂密的云杉树上去了。

还是不要白花心思去找它们，反正也无法看清它们到底落到哪儿了——哪怕把眼睛睁得大大的，也看不清楚。

知识拓展

保护色：为了避免受到天敌攻击或有利于捕猎，许多动物进化出了与环境相似的皮毛颜色，即保护色。因此猎人捕猎时往往很难用肉眼找出躲藏的猎物。

猎人在小道旁边的一棵云杉后躲了起来。

他从口袋里掏出一支短笛来，吹了片刻，然后就在小树墩上坐了下来，扳起扳机。随后，他再次把短笛送到嘴边。

游戏开始了。

小琴鸡们躲在林子里，藏得稳稳当当。只要琴鸡妈妈没有发出“可以”的信号，它们就不会乱动，更不敢出声，只安安分分地待在自己那根树枝上。

“噼，依，噼克！噼，依，噼克！噼克，特儿！”

这就是信号，意思是说：“可以出来啦……”

“噼，依，噼克，特儿……”

这是琴鸡妈妈肯定地召唤：“可以了！可以了！飞过来吧！”

一只小琴鸡悄悄地从树上溜到地面。它认真地听着，可就是听不出妈妈的声音到底是从哪儿传来的。

“噼，依，噼克！特儿，特儿！——在这儿，过来吧！”

小琴鸡跑到了小道上。

“噼，依，噼克，特儿！”

原来妈妈在这儿呀——就在小云杉后，树墩儿那儿。

小琴鸡在小道上撒开腿跑起来，直奔着猎人的方向去了。

砰！一枪过后，猎人又把短笛送到嘴边。

短笛的声音酷似琴鸡妈妈温柔的召唤：“噼克，噼克，噼克，特儿！”

又有一只小琴鸡上了当，它乖乖地跑去送死了。

在夏季的末尾，森林中的小家伙都长大了，它们跟着长辈们学习各种生活技能。这种效仿长辈一举一动的行为源于鸟类和哺乳动物的印随行为。印随行为是幼鸟刚刚孵化或幼兽刚刚出生后，跟随所见到的第一个大的行动目标行动的行为。印随行为一旦形成，只需要少量的经验信息就可以学成，并且能够保持较长时间，这使幼小动物能够紧跟母亲，模仿母亲或同类的行为，在最短时间内获得生存所必需的技能，躲避掠食者。因此，印随行为对幼小动物的成长有着至关重要的意义。

回味思考

你觉得人有印随行为吗？为什么？

写作素材

好词

转瞬即逝　拖儿带女　不谙世事　时隐时现　翻飞腾挪
愤愤不平　必经之路　万籁俱静　稀疏　硬仗

好句

杂草以为春天来了。你看天气多暖和，土壤又松又软。于是它们就高高兴兴地生长起来。草籽发了芽，一段段根茎也都发了芽，田里一片青绿。

黄瓜田里吵翻了天，黄瓜们愤愤不平地埋怨：“庄员们为什么频繁地来咱们这儿？咱们的嫩黄瓜都被他们摘走了！让它们安安生生地长大成熟该多好啊！”

qiū

秋

秋季第一个月

候鸟别离月

快速阅读思维导图

秋天的树叶开始自上而下地变黄枯萎 → 汇集的候鸟踏上了遥远的征途 / 田里的秋播作物长出一片新绿 / 养禽场开始进行良种母鸡的挑选 / 农庄中收获的蔬菜个头儿都很大 → 猎人以假琴鸡引诱琴鸡上当满载而归

一年——分为十二个章节的太阳诗篇

知识拓展

9月：欧洲旧历一年十个月，后来在年初加了两个月，英文9月（September）即源于拉丁文七（Septem）。

9月里愁云惨淡。

天空变得越来越阴沉，生灵哀号，秋风呼啸。

秋季第一个月到来了。

秋季和春季一样，有着自己的工作进程，不过，工作次序却正好与春季相反——秋季是自上而下降临大地的。树叶开始慢慢地变黄、变红，最后变成褐色。失去充足的光照后，树叶逐渐开始枯萎。树枝连着叶柄的地方，多了一个衰败的圆圈。即使在完全无风的日子里，也会有树叶突然落下来——这儿落下一片发黄的白桦树叶，那儿又落下一片发红的白杨树叶，飘飘扬扬却又悄无声息。

早霜往往降临在黎明到来之前。清晨醒来时，你首次发现草木的枝叶上竟然有了白霜。你在日记本上写下一句话："秋天来了！"从今天开始，不，准确地说是从昨夜开始，秋天就到来了。树叶越发频繁地从枝头飘落，不过秋风还没刮起，残叶仍在枝头，森林还没有完全脱掉华美的夏装。

雨燕早没了踪影。在我们这儿度夏的家燕和其他候鸟汇集在一起，打算趁着夜色出发，踏上遥远的征途。

> **知识拓展**
>
> 雨燕：雨燕目鸟类的统称。雨燕是飞翔速度最快的鸟，常在空中捕食昆虫。雨燕分布广泛，是著名候鸟，但生活在热带地区的种类则为留鸟。

天空中越来越冷清了，河水的温度越来越低，人们再也不能到河里洗澡嬉闹了……

可是突然间，天气又变得明媚、暖和了，好像火辣辣的夏天又回来了。细长的蜘蛛丝在安静的天空中舞动着，闪着银光……田野上的庄稼此时又是一片新绿。

"夏婆子去而复返了！"村里的人们看着生机勃勃的秋播作物，全都眉开眼笑。

林中居民们都在为即将到来的漫漫长冬做着准备。一切仍在孕育着的生命都已经被安置妥当，它们只需待在温暖安全的母体里，这样就没有顾虑了。

只有兔妈妈们还心有不甘，它们不愿承认夏天就这么结束了，于是又生下许多小兔崽！这些晚生的小兔儿被称为“落叶兔”。

林子里的地上长出一些伞柄细细的食用蕈。

夏季终究还是过去了。

候鸟离开家乡的月份到来了。

秋季开始了。

林中大事记

> **知识拓展**
>
> 候鸟的旧巢：很多候鸟次年会再回旧巢，即使旧巢破损，也会对其修补后继续使用。但有些比较警觉的鸟，在发现其他鸟类占了自己的巢，或巢是人为破坏的之后，会警觉远离。一些旧鸟巢也可以做过境鸟的临时栖息地。家燕甚至几代都住同一个巢。

告别的歌

白桦树上的树叶越来越稀疏了。

被小主人们弃用很久的椋鸟窝，孤单地在光秃的枝丫上摇晃。

怎么回事？

有两只椋鸟突然又飞了回来。

雌椋鸟直接钻进窝里，埋头忙活着。雄椋鸟停在树枝上，不时看向四周，片刻后，它唱起了歌。歌声很轻，像自娱自乐。

雄椋鸟终于唱完了歌。雌椋鸟飞出了窝，匆匆向着鸟群的方向赶去；雄椋鸟也紧跟着它飞走了。

它们要出远门了——今天若不出发，明天也会出发。

它们是来和夏天用来孵育小鸟的小窝告别的。

它们不会忘记这个小窝，来年春天它们还会住在这里。

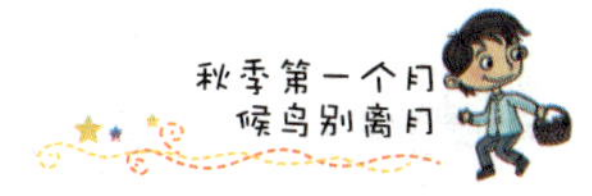

最后的浆果

沼泽地里的越橘果成熟了。越橘生长在泥炭土上的草墩儿里，浆果就在青苔上搁着。离老远就能看到这些浆果，却看不到它的茎叶。走到近处就会发现，青苔垫子上伸展着线一样的细茎，茎的两边长着一些直而硬的小叶子。

这是一株完整的越橘。

候鸟别乡

每一个白天和夜晚，都会有长翅膀的旅客踏上旅途。它们不疾不徐、从容不迫地飞行着，旅途中多次停歇，每次停歇时间都不短。这与春天回来时的情景截然不同，看来它们并不愿意离开故乡呢！

鸟儿离开的次序也和春天返乡时相反。首先离开的是羽毛斑斓的鸟儿，最晚离去的则是春天最早飞回来的鸟——燕雀、百灵、鸥鸟等。

许多鸟迁徙时，都是年轻的飞在前面。燕雀是雌鸟比雄鸟先离开。

那些身体强壮有力气又不乏耐性的鸟儿，则能够在故乡多停留一些日子。

大部分候鸟飞往南方——法国、意大利、西班牙、地中海沿岸各国及非洲等地。一部分鸟儿飞向东方，经过乌拉尔、西伯利亚，到达印度，甚至美国。行程远达几千公里。

知识拓展

地中海沿岸国家：地中海是位于欧洲、非洲和亚洲大陆之间的一块海域，是世界上最大的陆间海。沿岸有 11 个欧洲国家、6 个亚洲国家、5 个非洲国家。

农事记

田野一片空旷，丰收的粮食已经被收割完毕。大家已经在品尝由新粮制作而成的馅饼和面包了。

梯田里的亚麻也能收割了。这一年里，它们被风吹过，被太阳晒过，也被雨水敲打过，现在该搬去打谷场揉压搓皮了。

孩子们已经开学一个月了，他们不能再到田里给大人们帮忙了。马铃薯快要收完了，庄员们准备把它们运到车站，或者贮藏在干燥的土坑里。

菜园子也空了。最后一批叶子包得紧紧的卷心菜也被人们从田垄间运走了。

> **知识拓展**
> 卷心菜：指甘蓝，为十字花科芸薹属一年生或两年生草本植物。叶质厚，层层包裹成球状体，因而又名包菜、大头菜，作蔬菜及饲料用。叶可入药，味甘，性平，归肝、胃经，有清利湿热，散结止痛，益肾补虚之效。

田里的秋播作物已经长出了小苗，绿油油的一片。这将是庄员们送给祖国的新礼物。

灰山鹑迁到了秋麦田里，它们不再以家庭为单位彼此分开居住，而是结成更大的群体，每个群有一百多只呢！

狩猎灰山鹑的季节就快要到尾声了。

集体农庄新闻

选母鸡

昨天，养禽场进行了良种母鸡的挑选工作。饲养员们把挑选好的母鸡用木板小心翼翼地赶到角落里，

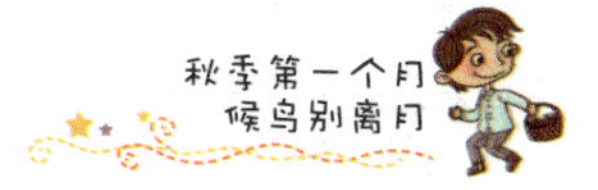

捉了一只，交给专家做鉴定。

这只母鸡嘴巴长，身子瘦，冠子又小又没有血色，傻乎乎地眨着两只没睡醒的眼睛，好像在问：“你为什么打扰我？”

专家把母鸡递回去，说：“这样的母鸡我们不需要。”

随后，专家又捉住一只短嘴巴、大眼睛的母鸡，它的脑袋宽宽的，鲜艳的红鸡冠歪向一边，目光炯炯有神。它使劲挣扎着，不停地嚷嚷，像是在说：“放手！快放手！干吗抓我？为什么要打扰我？你们不会挖蚯蚓，还不让别人挖？”

“这只好！”专家说，“这只能多生蛋。”

原来，有精神气儿、有活力的母鸡，才能多多生蛋。

星期天

这个周末，小学生们去了朝霞集体农庄，他们帮村民们掘甜菜、冬油菜、芜菁、胡萝卜和香芹菜。

孩子们发现，芜菁的个头儿特别大，比年龄最大的瓦吉克同学的头还大。

然而最让他们惊讶的，还是饲用胡萝卜的个头儿。

葛娜把一根粗大的胡萝卜挪到腿跟前一比，发现它竟然同她的膝盖齐高！而胡萝卜的上端，也有一巴掌那么宽！

知识拓展

芜菁：十字花科芸薹属二年生草本植物，块根肉质，可食用，但多食易胀气。根叶入药，具有消食下气、解毒消肿的功效，味辛甘苦，性温，入胃、肝经。

“古代人肯定是用植物打仗的，”葛娜说，“把芜菁当手榴弹扔向敌人，近身搏斗时就用胡萝卜砸敌人的脑袋！”

“在古代，人们根本就种不出这么大个儿的胡萝卜！”瓦吉克反驳说。

猎事记

琴鸡上当了

初秋时，琴鸡大群大群地汇聚在一起。这里有翅膀强有力的黑色雄琴鸡，有带花斑的棕黄色雌琴鸡，还有小琴鸡。

一大群琴鸡热热闹闹地降落在长着浆果的树丛中，然后四下散开。它们有的去啄食又红又硬的越橘果，有的用爪子扒开草丛，专门吞食碎石和沙粒。这些沙石能磨碎琴鸡嗉囊和胃里的坚硬食物，帮助其消化。

知识拓展

嗉囊：鸟类食管的后段暂时贮存食物的膨大部分。食物在嗉囊里经过润湿和软化，再被送入前胃和砂囊，有利于消化。

干燥的落叶上传来“沙沙”的脚步声，有些急促。

琴鸡们纷纷警觉地抬起头来。

脚步声向这边冲过来了！树丛中闪过北极犬竖起尖耳朵的脑袋。

琴鸡们很不情愿地飞到树枝上，也有一些藏在了草丛里。

北极犬在浆果地里四处乱跑，琴鸡被吓得飞了起来。

接着，它蹲坐在一棵树下，紧盯着其中一只琴鸡，“汪汪”大叫起来。

琴鸡也紧紧地盯着北极犬。

过了一阵子，琴鸡在树上待腻了，它一边在树枝上来回走动，一边继续盯着北极犬。

它心里思量着：“多么令人讨厌的一只狗！它干吗坐着不走！我太饿了！但愿它赶紧走开吧！它一走，我就能下去继续吃浆果了……”

“砰！”枪声突然响起，被打死的琴鸡栽到了地上。当它的注意力被北极犬吸引去的时候，猎人悄悄靠近，出其不意地冲它开了一枪。

琴鸡们拍打着翅膀飞到森林上空，远离了猎人。

一片片林中空地和小树林被它们甩在后面。在哪里降落好呢？那里也藏着猎人吗？

在白桦林的边缘，光秃秃的树梢上歇着三只神态自若的黑琴鸡。看样子，白桦林中没有猎人，不然那三只黑琴鸡一定不会安心地待在这里。

受了惊的琴鸡们越飞越低，最后分散地降落在附近几棵树的树梢上。

一直停在这儿的三只黑琴鸡就像三个树墩子，一动都没动，甚至都没有转头看它们一眼。

新飞来的琴鸡纷纷打量着这三只黑琴鸡——它们的羽毛是黑的，眉毛是红的，翅膀上有白色的斑纹，尾巴分着叉，眼睛黑亮黑亮的。

知识拓展

白桦林：白桦树是一种适应性强，生长较快的树种，除与松、杨等树种混生外，多长为单纯林。白桦是俄罗斯的国树。在俄罗斯的西伯利亚、外兴安岭及我国东北地区有很多白桦林。

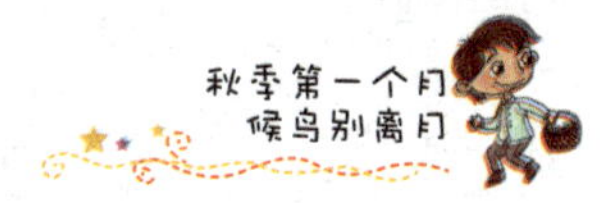

毫无异常。

“砰！砰！”

怎么回事？

哪儿来的枪声？

那两只新来的琴鸡为什么从树上掉下去了？

树梢上空升起一缕轻烟，很快又消散了。原来的那三只黑琴鸡仍然平静地待在那儿没动。新来的琴鸡们看着它们，也没动弹。树下一个人都没有，干吗要飞走呢？

新来的琴鸡们把脑袋转来转去，往周围看了一圈，心里又踏实了。

“砰！砰……”

又有一只雄琴鸡像泥疙瘩一样坠落在地。另一只飞向树梢上方的高空，随之也跌了下来。

受惊的琴鸡们慌乱地拍打着翅膀飞了起来，不等被打死的同伴跌落到地面，它们就已经逃得无影无踪了。只有那三只黑琴鸡纹丝不动地待在那里。

树下的一间不起眼的棚屋里，走出一个持枪的人。他捡起猎物，把猎枪靠在树上，就往白桦树上爬去。

白桦树梢上的那三只黑琴鸡，仍然目不转睛地深深注视着森林上空。

原来，它们那静止不动的黑眼睛，竟是两颗黑玻璃珠子。它们的身躯是用黑色的绒布缝制的，嘴巴是用真琴鸡的喙做的；那分叉的尾巴，也是用真琴鸡的

知识拓展

绒布：经过拉绒处理后表面呈现丰润绒毛状的棉织物，通过在布的表面做的针孔扎绒工艺，产生较多绒毛，立体感强，光泽度高，摸起来柔软厚实。

羽毛做的。

猎人取下一只假琴鸡，从树上爬下来，又爬上另一棵树取下另外两只假琴鸡。

那些上了当的琴鸡正担惊受怕地飞行在森林的上空。它们草木皆兵地扫过地面上的每一棵树和每一丛灌木，生怕再遭遇新的危险。

怎样才能躲开这些阴险狡诈的猎人呢？你永远无法料到，他们会用什么方法来算计你……

森林在这个月迎来了秋季。与春季的候鸟归乡月相对应，这个月是候鸟离别月。候鸟开始离开渐渐变冷的北方，向南方迁徙了。这是一次极艰苦的旅程，它们将跨越上千公里，途中还会遇到各种危险。

候鸟每年都是沿着固定的路线迁徙，当地气候、食物状况、生存环境等都会影响候鸟的迁徙。因此，迁徙中候鸟的数量也是反映一个地区生态环境状况的重要指标。

全球已知的候鸟迁徙路线目前只有九条，即大西洋—美洲线、黑海—地中海线、东大西洋线、中美线、环太平洋线、中亚线、东亚—澳大利亚线、太平洋—美洲线、西亚—东非线。其中的东亚—澳大利亚线、中亚线、西亚—东非线都与中国密切相关。

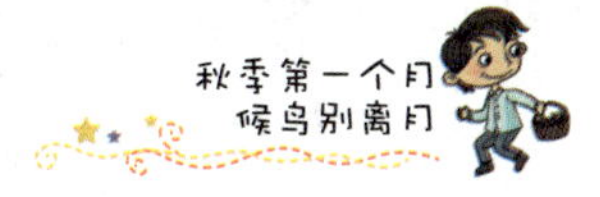

回味思考

在你的家乡，有没有候鸟停留或经过？

哪些因素会影响蔬菜的个头儿？

为什么琴鸡们看到猎人放的三只假琴鸡不动，它们也就不动呢？

写作素材

好词

愁云惨淡　哀号　呼啸　悄无声息　嬉闹　火辣辣　去而复返

眉开眼笑　安置　妥当　心有不甘　不疾不徐　从容不迫

次序　不乏　炯炯有神　近身搏斗　强有力　出其不意

神态自若　无影无踪　担惊受怕　草木皆兵　阴险狡诈　算计

好句

“古代人肯定是用植物打仗的，”葛娜说，“把芜菁当手榴弹扔向敌人，近身搏斗时就用胡萝卜砸敌人的脑袋！”

那些上了当的琴鸡们正担惊受怕地飞行在森林的上空。它们草木皆兵地扫过地面上的每一棵树和每一丛灌木，生怕再遭遇新的危险。

秋季第二个月

贮存粮食月

快速阅读思维导图

秋风扫落了树上的最后一批叶子 → 水洼表面盖上了一层又薄又脆的冰；蛇和蜥蜴等变温动物开始冬眠了；植物们都结出了种子，安排好后代；没有迁徙的动物开始准备食物过冬 → 凶猛的达克斯猎犬在激烈的搏斗后捕获獾

一年——分为十二个章节的太阳诗篇

> **知识拓展**
>
> 10月：10月有寒露和霜降两个节气。原为8月，英文的10月(October)就源自拉丁文的八(Octo)。

10月，落叶满地，路面泥泞，天气初寒。

萧瑟的秋风扫落了森林里最后一批残叶。

秋雨绵绵。篱笆上停着一只湿漉漉的乌鸦，很是寂寥。它也即将踏上远去的旅途。在这儿度过夏天的灰色乌鸦早已悄然地飞往了南方，而它们在北方生活的同类，此时却正向我们这儿飞来。原来乌鸦也是一种候鸟。在遥远的北方，乌鸦是春天最先飞来、秋天

最后飞走的候鸟，就像我们这儿的秃鼻乌鸦一样。

秋天已经做完了它的第一件事——给森林脱掉衣装；如今要着手做第二件事——让水温一降再降。早上，水洼表面盖着一层又薄又脆的冰碴。水里与天空中一样，动物越来越少。那些曾在夏季的水面上盛开过的花儿，早已把种子沉入水底，把自己长长的花梗缩到了水下。鱼儿钻进了河底的深坑，因为那里不会结冰，最适合过冬。长尾巴、身子柔软的蝾螈，在池塘里度过了一整个夏天，如今，它钻出水面，爬到树根下，找了一个有青苔的地方，住了下来。但凡静止的水面，如今都已结了冰。

陆生的冷血动物，它们的血变得更冷了。昆虫、老鼠、蜘蛛、蜈蚣等动物，不知道都藏到哪儿去了。蛇钻进干燥的洞穴里，盘起来开始冬眠了。青蛙钻进淤泥。蜥蜴躲到树墩子上脱开的树皮下，就这样睡去了……野兽们呢，有的已经换上了温暖的皮大衣，有的正往粮仓里运送粮食，有的则忙着为自己修建更暖和的窝。就要过冬了，一切都在准备着……

知识拓展

冷血动物：即变温动物，指因体内没有调节自身体温的机制，只能依靠自身行为调节身体散热或从环境中吸收热量提高自身体温的动物。除了哺乳动物和鸟类外，大部分动物是变温动物。

林中大事记

准备过冬的动物们

虽然天气还不太寒冷，但也绝不能马虎。眼瞅着离天寒地冻已经不远了，到那时，该到哪儿找吃的去？又该到哪儿去藏身呢？

森林里的动物们各有各的过冬办法。

长翅膀的居民们都飞走了。留下来的动物，都忙着充实自己的粮仓，以储备过冬用的食物。

短尾野鼠搬运粮食时非常卖力。许多野鼠会把洞穴挖在柴垛下或粮食堆里，方便每天夜晚窃取谷物。

通向洞穴的通道有五六条，每条通道都有入口。洞穴里有一间卧室，还有几间粮仓。

野鼠冬眠的时候，是冬季最严寒的时候。所以它们要储藏大量的粮食。一些野鼠的洞穴里，贮存的谷物多达四五斤。

我们必须得提防这类小型啮齿动物，因为它们常去农田里偷窃粮食。

准备过冬的植物

高大的梣树上挂满了干果。它的果实又细又长，一簇簇地挂在枝头，密密麻麻，就像一串串豆荚。

装扮得最美丽的要数花楸树了。如今，花楸树上仍然挂着一串串沉甸甸的、鲜艳的浆果。小檗丛上也能看到这种浆果。

有很多乔木，都还没来得及在入冬之前播种。

白桦树枝上挂着干燥的柔荑花序，一串一串的，花序里隐藏着翅果。

赤杨的枝头也挂着黑色小球果。不过只要春天到来，白桦和赤杨的柔荑花序就会舒展开身子，张开鳞片，种子就能够播撒出去了。

知识拓展

梣树：木樨科梣属落叶乔木的通称。种子细长扁平，簇生。

花楸树：蔷薇科花楸属落叶乔木的统称。果实近球形，呈红色或橘红色，可酿酒或制果酱。

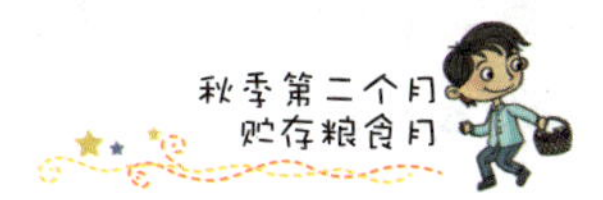

榛树上也有柔荑花序，它们粗粗大大的，呈暗红色，每一根枝条上都有两对花序。榛树上早就找不到榛子了。榛树把一切都安排好了：既把后代安顿妥当，又完成了入冬前的准备工作。

好怕啊

树木落尽了残叶，森林变得稀疏冷清起来。

林子里的灌木丛下，一只小白兔趴在地上，正紧张地四处张望。它心里害怕极了。周围总有窸窸窣窣的声音传来……难道是老鹰在树林间扇动翅膀，还是狐狸在落叶上簌簌走动？小兔正逢换毛之际，全身斑点很多，越变越白了。如果能下一场雪就好了！那样，野兽就不容易发现它了。现在周围那么亮，林子里色彩丰富，地上满是黄色、红色和棕色的落叶。它真是太显眼啦！

一旦猎人出现，它该怎么办？

跳起来逃掉吗？能往哪里逃呢？只要跑起来，枯叶就会被踩得噼啪直响。自己的脚步声就能把自个儿吓得丢了魂！于是，灌木丛下的小兔用青苔把自己隐蔽起来：它紧挨着一个白桦树墩躲好，不敢用力呼吸，更不敢动一下，只是惶恐地注视着四周。

真是太可怕了……

水老鼠储存越冬粮

夏天，短耳朵的水老鼠就住在河边，那里的地下

> **知识拓展**
> 水老鼠：俗称水耗子，是世界上最大类的啮齿类动物。近水栖息，具有一定的潜水能力，但不能长时间在水中生活。

有一间宽敞的卧室。它在卧室里挖了一条斜向下的通道，直达河里。

现在，水老鼠又搬到了刚建好的越冬新居里。新居温暖舒适，远离河边，在一片有很多草丘的草地上。新居里有好多条通道通向地面，每条通道约百米长，甚至更长。它的卧室就在一个大草丘的下面，卧室里铺满了柔软温暖的干草叶子。它还挖了几条专用通道，用来连接仓库和卧室。它的仓库被收拾得井然有序，里面按种类堆放着它从田间和菜园盗取的谷物、豌豆、蚕豆、葱头和马铃薯等。

知识拓展

松鼠的食谱：松鼠科所包含的物种数量众多，每种松鼠的食性不尽相同，除了坚果及菌类以外，有些种类的松鼠甚至会捕食蛇、鸟、昆虫等动物。

松鼠晾蘑菇

松鼠从自己筑在树上的几个圆形小窝里，选出一个当作仓库，它把从林中收集来的坚果和球果存放在里面。此外，松鼠还采蘑菇。它把采到的油蕈和白桦蕈插到松树的断枝上风干。冬天它就在树枝上溜达，用干蘑菇充饥。

农事记

拖拉机不再轰鸣了。农庄的庄员们已经完成了亚麻分类的工作，最后几批运亚麻的货车也驶向了城里。

现在，庄员们正在考虑来年的播种事宜，即他

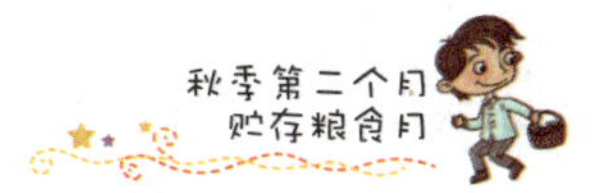

们是否该采用由育种站提供的黑麦和小麦的精选新品种。

现在田里几乎没活儿了，家里的活儿反而比较多。庄员们把全部心思都放在了家里的牲畜上。牛羊需要赶进畜栏，马也要赶进马厩。

田里的庄稼都收完了，空荡荡的。一群群灰山鹑聚集到农舍附近。它们在谷仓边过夜，偶尔还会飞进村庄。山鹑的狩猎季早已过去。有猎枪的庄员们现在都忙着打野兔呢。

集体农庄新闻

果园发来的报道

园丁们正在果园里修剪苹果树呢。他们要给苹果树做清理并穿上新装。此时苹果树身上除了灰绿

> **知识拓展**
>
> 树木涂白：入冬时一般要为树木树干涂刷石灰，称为涂白。因石灰水有强碱性，能够杀死树皮内越冬的虫卵。石灰的白色增加了树木对阳光的反射能力，可以在夏天避免灼伤；石灰水在凝固后转化为碳酸钙，有相当好的密闭作用，可以避免树木因冬天昼夜温差导致树皮组织死亡。

色的胸针——苔藓，就没别的装饰了。园丁们剥除了苔藓，因为那里藏着害虫。树干和靠下些的树枝也要用石灰刷白，以免再附上害虫。而且，夏天石灰能使苹果树不被太阳灼伤，冬天它还能抗寒。现在，苹果树穿着雪白的衣裳，漂亮极了。难怪队长开玩笑说："我们把苹果树打扮漂亮，让它美美地过节！我要带着这些好看的果树去游行！"

播种趁晚秋

劳动者集体农庄里，菜农们正在种莴苣、葱、胡萝卜和香芹菜。

人们把种子埋进寒冷的泥土里。一个小女孩听到种子在抱怨，它们说："现在播种一点用都没有，这么冷的天，我们根本不会发芽！你们喜欢发芽，就自个儿发芽去吧！"这些种子的确发不了芽。然而春天一到，这些种子却是最早发芽的，也是最早成熟的。那时，人们就能早早收获莴苣、葱、胡萝卜和香芹菜，这是多好的一件事啊！

猎事记

地下搏斗

距离我们农庄不远的森林里，有一个存在多年的獾洞。"獾洞"并不能称之为洞，因为它是一整座被无数代獾纵横挖掘空了的小山丘。这是獾的整个地下

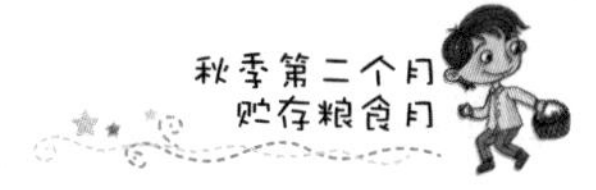

交通网。

塞苏伊奇把“獾洞”指给我看。我把小山丘仔细观察了一番，一共发现了六十三个出入口。在山丘下的灌木丛里，还有一些不容易被察觉的洞口。

不难看出，住在这个无比宽阔的地下藏身之所里的，不只是有獾。有些入口旁，爬满了密密麻麻的埋葬虫、蟑螂和食尸虫。它们忙着啃食各种骨头——鸡骨头、山鸡骨头、松鸡骨头和兔子长脊椎骨。獾可不吃这些，它根本不捕食鸡和兔子。况且，獾有洁癖，那些吃剩的食物残渣，或其他的脏东西，它们是绝不会丢弃在洞里或洞边的。

从这些骨头能够看出，狐狸一族也住在这儿，它们和獾比邻而居。

有一部分洞被挖坏了，成为名副其实的壕道。

塞苏伊奇说：“都是猎人干的，他们费尽心机，想把狐狸和獾挖出来，但是都没用，这些家伙早钻到地下溜了，挖是肯定挖不出来的。”

他沉默片刻又说：“我们试试烟熏的法子，看能不能把它们给逼出来！”

第二天早上，我和塞苏伊奇及另一位小伙子一起来到了山丘前。我们仨忙活了很久，除了山丘下面的一个及上面的两个洞口，其他通往地下的洞口全都堵上了。我们搬来很多干松枝和云杉枯枝，堆到下面的洞口旁。上面的两个洞口，由我和塞苏伊奇分别守着，我们就躲在灌木丛的后面。

“烧锅炉的”小伙子点燃了下面洞口的枯枝。待火烧旺，他就往火里添云杉枝。呛鼻的浓烟直往上冒。不久后，烟就被引进洞里，就像进了烟囱似的。

我和塞苏伊奇两个射手一边埋伏着，一边焦急地盯着身边的洞口，等着浓烟从里面冒出来。机灵的狐狸说不准会先跳出来，或许会有一只肥胖又笨拙的獾抢在前头。它们此刻待在洞里，说不定眼睛早就被烟熏得流泪了。

洞里的野兽真是太有耐心了。

我看到灌木丛后塞苏伊奇的身边飘起了浓烟，我身边很快也冒起了烟。

现在，不必等多久了：很快就会有一头野兽打着喷嚏蹿出来，不，准确地说，是好几头，一头接着一头，往外蹿。猎枪早已被我端在肩膀上，千万不能放走机灵的狐狸！

烟更浓了。浓烟一团团地涌出来，不断地在灌木丛中翻滚扩散，我的眼睛被熏得睁不开了，眼泪直淌。万一野兽趁我眨眼睛、擦眼泪的工夫就溜走了呢！

然而，仍不见野兽出现。

我双手端着肩上的枪，好累！我把枪放下了。

我们等啊等，小伙子一个劲儿地把枯枝往火堆里扔，却偏偏不见一头野兽往外蹿。

“你以为它们被烟熏死啦？”回家的路上，塞苏伊奇对我说，“不，老弟，它们才不会死呢！洞里的烟都是往上升的，它们一定会钻到更深的地下。

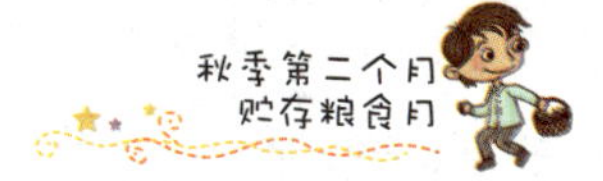

谁也不知道它们的洞挖得到底有多深。”

这次失手使长胡子的塞苏伊奇的情绪很是低落。为了安慰他，我和他说起达克斯猎犬和硬毛的猎狐犬。这是两种很凶的猎犬，会钻洞去捉獾和狐狸。塞苏伊奇一听，精神立刻抖擞起来：“你去弄一条这样的猎犬来，不管你去哪儿弄，一定要弄来！”

> **知识拓展**
>
> 达克斯猎犬：俗称腊肠犬，精力充沛，感官发达，性格活泼而谨慎，易于训练，专门用作捕捉狭洞内的野兽。

我只好答应他，尽量弄弄看。

随后不久我进了城。在城里我竟然走了运，一位相熟的猎人愿意把他心爱的达克斯猎犬借我用一段时间。

我把猎犬带回村里，并把它带给塞苏伊奇。塞苏伊奇见到猎犬勃然大怒：“你做什么？拿我开玩笑吗？它这么小，老鼠似的，别说老狐狸，狐狸崽子都能吃了它再吐掉！”

塞苏伊奇本身个头儿矮小，他对此非常介怀，因此也看不惯其他矮个子，哪怕是矮个子的狗。

达克斯猎犬的模样确实可笑，它个子矮，身子长，短短的四条腿弯弯的。塞苏伊奇无意间把手伸向猎犬，谁料这条难看的猎犬竟猛地露出锋利的牙齿，凶狠地吠叫着冲他直扑了过去。塞苏伊奇急忙跳开，只说道：“这家伙真凶！”说完就不作声了。

我们领着猎犬再次来到山丘前，猎犬刚到这儿就怒吼着直往洞口冲，险些把我的胳膊拉得脱了臼。我刚解开系着它的皮带，它就窜进黑乎乎的洞穴，没影了。

这种矮小且善于在地下狩猎的猎犬，或许是最奇特的品种之一。它细长的身躯像貂一样，最适合在洞中爬行。它弯曲的爪子，简直是掘土的利器。它的嘴脸狭长且窄，方便一口把猎物咬住。

哪怕这样，我等在上面依然很不安。在黑黝黝的地下，劲瘦的家犬和林中的野兽会经历怎样的一场恶斗？如果猎犬在洞里不幸战死，我还怎么见它的主人？

追捕行动正在地下进行着。尽管隔着厚厚的土层，但响亮的犬吠声还是传到了我们耳边。声音听起来像是来自远处，并不在我们脚下。

接着，吠叫声变得近了，听得更清楚了。那叫声因狂怒而显得嘶哑。声音更近了……突然又远了。

我和塞苏伊奇在山丘上站着，紧握手里的猎枪，手指都握得痛了。犬吠声时而从这个洞里传来，时而从那个洞里传来，时而又从第三个洞里传来。

突然，声音中断了。

根据经验，我知道在黑暗通道内的某处，小小的猎犬追到了野兽，并和对方厮打在了一起。

我这时才突然想起，在放猎犬进洞前我就该考虑到的一件事。猎人如果用这种方式打猎，那么出发时就该带上铲子，一旦猎犬和野兽在地下打起来，就得赶快在它们上面挖土，以便战况对猎犬不利时，能及时帮它跑掉。只要打斗位置离地面约一米深，这个法子就可行。然而在这个连烟都不能把野兽熏出来

知识拓展

猎犬狩猎：在狩猎时，猎犬往往处于辅助地位，主要担任寻找猎物、驱赶猎物等工作。但在洞穴这种人类无法进入的空间中，主要靠猎犬独自完成狩猎，并将猎物拖出地面。

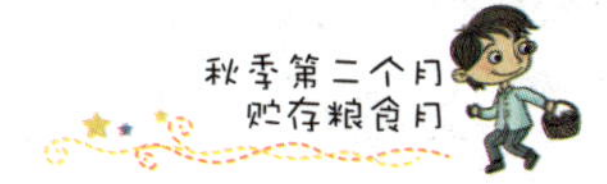

的深洞里，又能有什么法子帮助猎犬呢？

我该怎么办啊！

忽然，沉哑的犬吠声又响了起来。

可还不等我把心完全放下，它又不叫了——这回可彻底完了！

这只勇敢的猎犬肯定惨遭不幸了，这寂静的山冈竟成了它的埋骨之地。我和塞苏伊奇沉默地在这儿站了很久。

突然，地下传来一阵出乎意料的沙沙声。

洞口先露出一条尖尖的黑尾巴，接着是弯曲的后腿，随后达克斯猎犬艰难地移动着它细长的身躯，身上全是泥污和血迹！我高兴地扑向它，抱住它的身体，把它往外拉。

紧随猎犬之后被我们拖出来的，是一只肥胖的老獾。它已经不动了。达克斯猎犬死命咬着它的后颈，凶狠地甩打着，久久不愿松口，生怕敌手死而复生。

知识拓展

獾有多凶猛：獾是一种性情非常凶猛的食肉动物，四肢强壮，爪子和牙齿都十分锋利，坚韧的皮毛和非常厚的脂肪层，使对手很难咬住。有些种类的獾，能与比自己大两三倍的食肉动物搏斗。

候鸟在冬季会迁徙到温暖的南方，但对于不迁徙的动物来说，它们要怎么过冬呢？在这一章里，作者就为我们介绍了一些动物为过冬所做的准备。过冬的准备，概括说来不过包括两个方面：储存食物和保暖。在食物方面，除了文章中介绍的，动物们还会去偷邻居的积蓄，当然也会被邻居偷。在保暖方面，动物们也有多手准备：一是长出蓬松的新毛，这些毛的保暖效果更好；二是在秋天多进食，使身体的脂肪层更厚，这都能让它们抵抗寒冷的能力更强；三是找一个避风避寒的洞住进去，如果能有一些同类挤在一起就更暖和啦。

·回味思考·

你在家或学校附近有没有见过乌鸦、老鼠、松鼠、獾等动物？

你知道人类过冬前要做哪些准备吗？

·写作素材·

好词

泥泞　萧瑟　秋雨绵绵　寂寥　天寒地冻　妥当　井然有序

风干　窸窸窣窣　费尽心机　勃然大怒　介怀　死而复生

好句

我和塞苏伊奇两个射手一边埋伏着，一边焦急地盯着身边的洞口，等着浓烟从里面冒出来。机灵的狐狸说不准会先跳出来，或许有一只肥胖又笨拙的獾抢在前头。

秋季第三个月

冬日渐临月

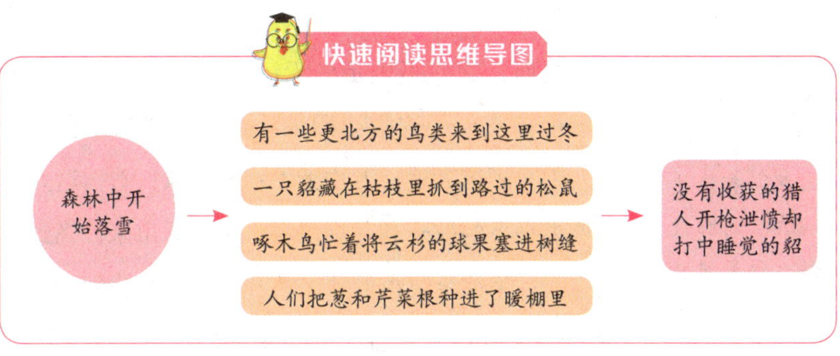

一年——分为十二个章节的太阳诗篇

11 月——半像秋来半像冬。

11 月，是 9 月的孙子，10 月的儿子，12 月的亲兄长。

11 月给大地钉满寒冷的钉子，12 月给大地铺上严冬的桥梁。

11 月像骑着花斑驳马出门：地面上一片泥泞挨着一片雪，一片雪挨着一片泥泞。

> **知识拓展**
>
> 11 月：11 月有立冬和小雪两个节气。原为 9 月，英文 11 月(November)源自拉丁文九(Novem)。

11 月这个打铁铺子虽然不大，里面却在锻造封锁全俄罗斯用的枷锁：它能使池塘和湖泊冻结。

如今，秋天要去完成它的第三个使命：给森林脱掉仅剩的衣衫，给水面套上冰甲，再用白雪粉刷大地。现在的森林十分冷清：林木只剩下光秃秃的黑色枝干，被秋雨一浇，浑身湿漉漉的。河面的冰层寒光闪闪，你若一脚踏上去，它就会发出清脆的响声，使你坠入冰水里。大地盖上积雪后，所有的秋播作物都不再生长了。

然而，这并不表示冬天已经降临，这只是冬天来临的前奏。一连数个阴天后，太阳偶尔也会露个面。阳光洒满大地，万物无不欢欣雀跃！看，这儿，一群黑乎乎的蚊子和苍蝇从树根下爬了出来，飞到了空中。一朵朵金黄色的蒲公英和款冬花在我们脚边开着——这是春天才盛开的花朵呢！积雪也化了……然而阳光却唤不醒无知无觉的树木，它们已经沉睡，直到来年春天才会醒来。

采伐木材的季节到了。

知识拓展

蒲公英：菊科蒲公英属多年生草本植物，可食用。全草入药，有清热解毒、消肿散结、利尿通淋的功效，味苦甘，性寒，归肝、胃经，阳虚外寒、脾胃虚弱者忌用。

林中大事记

北方的来客

这些小鸣禽是来我们这儿过冬的小客人，它们来自遥远的北方。其中有红胸脯红脑袋的朱顶雀；有烟灰色的太平鸟，它们的翅膀上长着像五根手指头一样的红色羽毛，头顶点缀一撮冠毛；还有深红色的松雀和交喙鸟——雌鸟是绿色的，雄鸟是红色的。这里还有羽色黄绿相间的黄雀、黄羽毛的小金翅雀和胖嘟嘟的灰雀。我们这儿的黄雀、金翅雀和灰雀已经飞往了较温暖的南方。而这些来自北方的鸟，它们筑巢安家的故乡已经很冷了，在它们看来，我们这儿就是温暖之乡。

知识拓展

交喙鸟：指燕雀科交嘴雀属红交嘴雀，鸣禽。栖息于山地针叶林和以针叶林为主的针阔叶混交林中，冬季游荡或结群迁徙。雄鸟通体砖红色，雌鸟则为暗橄榄绿或染灰色。

黄雀和朱顶雀以赤杨和白桦的种子为食；太平鸟和灰雀以花楸果和其他种类的浆果为食；交喙鸟啄食松子和云杉子。

在我们这儿越冬的鸟儿，全都吃得饱饱的。

貂追松鼠

许多松鼠都游荡到我们这一带的森林里。它们北方故乡的球果不够吃了，因为那里遭遇了荒年。

松鼠们散坐在多棵松树上，它们用后爪紧紧抓住松枝，用前爪抱住球果啃。

一只松鼠不小心将球果掉落地上，陷入雪中。松鼠不想舍弃这颗球果，它气急败坏地嚷嚷着，从一根树枝跳到另一根树枝，最后跳到地面上。

它在地上一蹦一跳的：后腿一蹬，前脚撑住，蹦跳着向前去了。

突然，它看见一堆枯枝里，有黑色的毛皮显露出来，还有一双锐利的小眼睛……松鼠慌了，球果也不要了。它飞快蹿上最近的一棵树，顺着树干往上爬。

原来，有一只貂藏在枯枝堆里。它紧跟在松鼠后面，也迅速爬上树干。松鼠这时已经到了枝头。

松鼠纵身一跳，跳到另一棵树上。

貂把自己蛇一般的细长身子缩起来，将背脊弯成弓形，也纵身跳了过去。

松鼠顺着树干往高处跑。貂紧随松鼠身后穷追不舍。松鼠已经很灵巧了，可貂更灵巧。

松鼠跑到了树顶上，没有更高的地方可跑了，旁边也没有别的树，它已经无路可走了。

眼看貂就要追上它……

不得已，松鼠只能向下跳跃，跳到别的树枝上。貂仍在它后面紧追。

松鼠在细树枝的梢头上不停地跳跃，貂就在较粗的树干上跑。松鼠跳啊跳，终于没地方跳了。

于是，松鼠没命了……

知识拓展

啄木鸟：䴕形目啄木鸟科鸟类的统称。常见的留鸟，著名的森林鸟，能消灭树皮下的害虫，每天能吃掉1500条左右。但在虫害不严重的森林中，可能反而会对树木造成破坏。

忙碌的啄木鸟

我们的菜园子后面，有很多老白杨树和老白桦树，还有一棵更年长的云杉树。云杉树上挂着一些球果。一只羽色斑斓的啄木鸟为了这些球果，飞到了这里。啄木鸟停在树枝上，用长喙摘下一个球果，又沿着树干往上面跳。它把球果塞进树上的一个缝隙，用喙去啄藏在球果里的种子。得到种子后，球果壳就被它推到了下面，再去摘第二个球果。摘来的球果仍被塞在同一个树缝……就这样一直忙到天黑。

集体农庄新闻

我们招数多

一场大雪过后，我们留意到，老鼠竟然在雪下挖了一条地道，直通我们的苗圃。然而，我们比它们更有招数。苗圃里每棵小树周围的雪，都被我们踩得很结实。这样，老鼠就没办法钻到小树跟前了。它们只要钻到积雪外，立即就会被冻死。

兔子也时常来我们果园祸害果树。我们同样有防御兔子的方法——在小果树周围堆满稻草和云杉树枝，让兔子无法下口。

栽在暖棚里

劳动者集体农庄的人们正在忙，他们在挑拣小葱和小芹菜根。

工作队长的孙女问道："爷爷！我们这是在给牲口准备饲料，对吗？"

工作队长笑了笑，告诉她说："不是的，乖孙女啊，你这次可猜错了。我们要把这些小葱和芹菜根都栽种到暖棚里。"

"栽到暖棚里？为什么呀？让它们长大些？"

"不是的，乖孙女，我们是为了一年四季都能吃到葱和芹菜。这样，冬天我们不仅能喝到芹菜汤，还能在吃马铃薯的时候，往上面撒葱花。"

知识拓展

暖棚：指节能日光温室，与简易实用的冷棚（普通塑料大棚）相对，是用于北方寒冷地区的一种温室，即使在寒冷季节，也能依靠阳光维持室内一定的温度水平，以满足蔬菜作物生长的需要。

不用盖厚被子

上个星期天，九年级学生米克去曙光集体农庄玩耍。在一片树莓丛边，他遇到了工作队长费多西奇。

“老爷爷！您就不担心树莓被冻死吗？”米克装作很内行的样子问，但实际上他并不懂这些。

“不会的。”费多西奇回答，“它们能在雪下安安稳稳地过冬呢。”

“在雪下？过冬？老爷爷，您脑子糊涂了吧？”米克又接着问，“您看，这些树莓的个头儿比我还高呢！您认为冬天能下这么厚的雪吗？”

“雪像平常那么厚就行。”老爷爷回答，“那么，聪明的孩子，你来说说看：你冬天盖的被子的厚度，比你的身高更厚还是更薄呢？”

“这和我的身高没关系吧？”米克笑着说，“我盖被子的时候是躺着的！老爷爷，您明白吗？大家都是躺着盖被子的，不是吗？”

“我的树莓也要躺着盖雪被，可是，聪明的孩子，你呢，自己躺到床上就可以，而树莓呢，得老爷爷把它们弯向地面，再一棵棵绑起来，它们才能都躺在地上。”

“老爷爷，您比我想象的更聪明！”米克说。

“孩子，你可没有我想象的聪明哟。”费多西奇回答说。

知识拓展

积雪的保温作用：物体的保温作用与其导热性能相关。导热性能好的物体保温作用一定不好，反之亦然。由于积雪中有大量孔隙，这些孔隙中含有大量空气，而空气导热性较差，这就使得积雪具有良好的保温作用。但随着时间的推移，积雪间的孔隙变小，积雪中的空气含量逐渐减少，积雪的保温作用会有一定程度的下降。

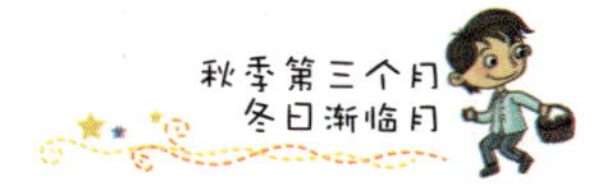

猎事记

秋季能猎捕小毛皮兽了。快到 11 月的时候，小兽们的皮毛已经都换好了——它们把夏季轻薄的皮毛换成了冬季蓬松又抗寒的厚皮大衣。

猎貂

在森林里猎貂并不容易。猎人想找到貂捕食鸟类和兽类的地方并不成问题，因为雪地被貂践踏过，还留有血迹。可如果想找到它饱餐以后的藏身之地，就需要猎人有一双善于发现的眼睛。

貂很灵巧，它能像松鼠一样，从一根树枝跳向另一根树枝，从这棵树跳向那棵树。可它这么一直跳下去，身后就会留下痕迹——被它爪子折断的树枝、球果和小树皮，以及它身上被蹭掉的兽毛，都会掉落在雪地上。有经验的猎人，完全可以根据这些痕迹来判断貂的行走路线。这条路线往往很长，有时长达几公里。猎人必须小心再小心，才能不出差错地一路跟过去，依照坠物找到它。

塞苏伊奇头一次对貂进行追踪时，猎犬并不在身边，所以他只能依靠经验去找寻貂的踪迹。

那天，他乘着滑雪板追了很久。有时他满怀信心地快速前进一二十米——那是貂从树上跃到雪地里，奔跑时留下脚印的地方。有时他又慢慢地向前移动

知识拓展

猎人寻找猎物的依据：猎人寻找猎物并不是到处乱跑，而是根据动物留下的痕迹判断经过动物的种类、时间、状态，并以此为依据寻找猎物。如冬季掉落的雪、折断的树枝，以及脚印、毛、粪便等，均是寻找猎物的重要依据。

着，认真察看貂在路上留下的隐约可辨的标记。那天他总是不住地叹息，后悔没有带上自己忠实的朋友北极犬。

塞苏伊奇在森林里一直寻找到天黑。

小胡子猎人燃起一堆篝火，从怀里摸出一大块干面包，吃掉了。好歹先度过漫漫冬夜，再说其他吧。

早晨，塞苏伊奇被貂的痕迹指引着，来到一棵粗壮干枯的云杉树前。运气真好！塞苏伊奇在树干上发现了一个树洞。貂肯定在洞里过夜了，或许它还没出来呢。

塞苏伊奇右手拿枪，扳好扳机，左手握着一截树枝，在树干上敲了敲，又把树枝丢掉。他双手端枪，只等貂蹿出来，就立即开枪。

貂没有蹿出来。

塞苏伊奇又捡起树枝，用力敲了一下树干，然后又更用力地敲了一下。

貂仍然没有出来。

“唉，它睡得这么沉！”塞苏伊奇沮丧地自言自语，“醒醒吧！大睡虫！”

说着，他又举起树枝，猛地敲了一下，敲打声在整个林子里回荡。

看样子，貂不在树洞里。

这时，塞苏伊奇才想起要认真检查一下云杉周围的情况。

这是一棵空心树。树干的另一面还有一个洞口，就在一根枯枝的下方。枯枝上的积雪都被蹭掉了，说明貂早已从这个洞口溜走，逃到附近的树上去了。猎人的视线被粗大的树干遮挡着，所以才没有看到。

没办法，塞苏伊奇只好继续去追踪貂。

接下来的一整天，猎人都在辨识那些细微的痕迹。终于，在天黑的时候，塞苏伊奇找到一个确切的印记，它表明貂就在猎人附近。

看来，塞苏伊奇追踪的痕迹是正确的。可他已无力继续追踪了，从昨天起，他就没有再进食，身上连一丁点儿面包都没有了。夜晚的寒气越来越浓，如果今夜还待在森林里，那他肯定会被冻死。塞苏伊奇懊恼地咒骂了一句，就顺着来路往回走。

“如果这只貂被我追上，”他心想，“只需开一枪，我就能打死它。”

塞苏伊奇再次经过松鼠窝时，十分窝火地从肩上卸下猎枪，瞄也不瞄，对着它就开了一枪。他这样做，只是为了宣泄心头之火。

枯枝和苔藓纷纷被枪声震落在地。令塞苏伊奇万分惊讶的是，一只身体细长、毛皮丰满的貂，竟比枯枝早一步落在他的脚边。

塞苏伊奇后来才得知，这种情况并不少见。貂把松鼠捉住吃掉后，就会钻进对方温暖的小窝里，蜷起身子，安安稳稳地睡个觉。

名师点拨

森林中各种各样的生物是不是让人有一种眼花缭乱的感觉？如何记住这么多生物呢？这就涉及生物分类的知识。对于生物而言，目前最系统的分类方法源于林奈系统的科学分类法。但这对于普通人而言太过烦琐细碎，我们在生活中更常用的是生态类群。生态类群是以相似的生态行为划分类别的，比如鸟类可分为游禽、涉禽、陆禽、猛禽、攀禽、鸣禽等八类；水生植物可分为挺水植物、沉水植物、浮水植物、漂浮植物等四类；等等。

回味思考

对于上面提到的六类鸟，你觉得是依据什么划分的？试着举出一些例子。

写作素材

好词

泥泞　枷锁　欢欣雀跃　气急败坏　宣泄

好句

11 月——半像秋来半像冬。11 月，是 9 月的孙子，10 月的儿子，12 月的亲兄长。11 月给大地钉满寒冷的钉子，12 月给大地铺上严冬的桥梁。11 月像骑着花斑驳马出门：地面上一片泥泞挨着一片雪，一片雪挨着一片泥泞。

dōng

冬

冬季第一个月

雪路初现月

快速阅读思维导图

寒冬将整个大地彻底冰封 → 雪地上留下了所有经过动物的足迹；小狐狸沿足迹捉老鼠却咬死了鼩鼱；人们将雪筑成一道雪墙用来挡风；人们在冬季采伐木材并运到河边 → 人们利用狼想躲开人类的心理围杀了狼

一年——分为十二个章节的太阳诗篇

> **知识拓展**
>
> 12月：12月有大雪和冬至两个节气。原为10月，英文的12月(December)就源自拉丁文的十(Decem)。

12月，天寒地冻。

12月以冰板铺地，再钉上冰钉，将大地彻底冰封。

12月是一年的终结，也是寒冬的起始。

河水不再流淌了——连汹涌的河水都被寒冰封冻了。大地和森林都已被积雪覆盖。太阳躲到乌云的背后。白昼越来越短，黑夜正在慢慢变长。

皑皑白雪下，埋着数不清的尸体。一年生的植物如期地生长、发芽、开花、结果，直到枯败。如今它们已化为尘土，重归养育它们的土壤。一年生动物——许多无脊椎小动物，也都按期度完一生，化作尘土了。

不过，植物已经留下了种子，动物也都产了卵。等时候一到，太阳将会像童话故事《睡美人》中的英俊王子一样，用热烈的吻将新的生命唤醒。一年生的动植物的生命会因此得到延续，重新在大地上成长。而多年生的动植物完全有能力保护自己安然度过北方的漫漫长冬，直到来年新春。现在冬天的威力犹有不足，然而太阳的生辰——12 月 23 日却已为期不远！

太阳会重返人间。生命也将随着太阳的回归而重生。

然而不管怎样，我们还需先熬过漫漫严冬。

知识拓展

无脊椎动物：背侧没有脊柱的动物，动物的原始形式，脊椎动物亚门以外全部动物门类的通称。其种类占全部动物的 95%，现存一百余万种，包括软体动物、腔肠动物、节肢动物等。

冬天是一本书

雪后的大地粉妆玉砌。田野和林中空地就像一册摊开的巨书的纸页，平整洁净，毫无痕迹。可不论是谁，只要从上面走过，就会印下一行字：“某人曾到过此地。”

白天，雪一直在下。晚上雪停后，纸页又重新变得干净整洁了。

早上你走来一看，就会发现白净的书页上被盖满了各种神秘的符号——横杠、句号、逗号。显然，很多林中居民都曾趁夜间来过此处，它们奔跑、蹦跳，各展技能。

那么，是谁来过这里呢？又做了些什么呢？

赶快破译这些古怪的符号，研读这些难懂的文字吧。不然一场雪过后，大地又会变成一张白净光洁的纸页，就好像有人把书往后翻了一页。

知识拓展

夜行性动物：指白天休息，夜间活动的动物。夜行性动物多具备良好的感官及高度的警觉性。无论昼行性动物还是夜行性动物，两者都是根据光照强度或光照持续时间长短来安排它们的活动。

它们用什么写字

兽类一般都用脚爪写字。有些用整个脚掌写，有些则用四个脚趾写，还有用蹄子写字的。偶尔也有用尾巴、鼻子和肚子等写字的。

鸟类用脚爪和尾巴写字，偶尔会有用翅膀书写的。

林中大事记

下面是我们从银色小路上读出来的几件大事。

没知识的小狐狸

老鼠在林间空地留下的“笔迹”被一只小狐狸看到了。

“嘻嘻！”它心想，“这下总算有吃的啦！”

它都没用鼻子仔细读一读，看刚才是谁来过这儿。它只用眼睛看了看，就草草下了结论：哦，原来足迹直往灌木丛那儿去了。于是它偷偷地向灌木丛靠过去。

它看到雪地里有一个灰毛皮、短尾巴的小东西在动。小狐狸冲上去，逮住它，一口咬下去——嘎吱！

呸！呸！呸！真臭，太恶心了！它赶紧吐出小兽，又连忙吞了几口雪，借雪来漱口。这味儿简直太难闻了！就这样，小狐狸的早饭落空了，还徒劳地咬死一只小兽。

那只小兽其实是鼩鼱，并不是老鼠。

它远看跟老鼠很像，近看，一眼就能识别出来。鼩鼱的嘴脸很长，背部弓起。它以昆虫为食，和鼹鼠、刺猬是近亲。但凡有经验的野兽都不会碰它，因为它能发出一种腐臭味儿，就像麝的肚脐被制成麝香前的味儿一样臭。

知识拓展

鼩鼱：食虫类动物，已知世界上最小的哺乳动物，长得极像老鼠，但与老鼠亲缘关系极远。腭下有唾液腺，能分泌出毒液。

吓人的爪印

本报通讯员在树下发现了一种爪印，那爪印长长的，还很直，就像钉子，怪吓人的。爪印本身并不大，和狐狸的爪印差不多。可如果被这样的爪子抓到肚子，肠子都能给抓出来。

通讯员顺着爪印小心翼翼地往前走，来到一个大洞边，洞口的雪地上散落着一些兽毛。他们仔细地察看了兽毛——直直的，很硬，弹性足，白色，尾端是黑色的。这是制作毛笔时最常选用的兽毛。

通讯员们立即明白了：住在洞里的是獾。獾不太合群，但并不是很可怕。它也许是想趁着天气暖和，出来散散步。

农事记

知识拓展

干燥的冬天：冬天气温低，空气可容纳的水汽就少，即使相对湿度达到100%，绝对湿度也比其他季节低很多。如果有降雪，温暖地区的雪穿过高于零度的中间层会融化，空气湿度会有一定程度的提高；但寒冷地区的雪在下降过程中，温度从始至终都处于零下摄氏度，因此不含液态水，也不会提高空气湿度。

树木在寒冷的冬天里沉睡，它们的血液——树液也被冻结了。

这个季节的森林里，总会传来锯子不知疲倦的吱嘎声。人们采伐木材的工作将持续整个冬季。冬季采伐的木材干燥又坚固，是最宝贵的木材。

采伐好的木材，需要运送到开春后的大小河边，这样等冰雪消融后，木材就能随流水漂走。为此，人们就像浇溜冰场那样，把水浇在积雪上，造了几条宽广的冰路。

集体农庄的庄员们正在为迎接春天做准备。

灰山鹑们都飞进了村里，住在了打谷场边。雪太厚了，它们想扒开积雪觅食，但这异常艰难。就算能扒开，雪下还结着厚厚的冰呢，想用它们的纤弱的爪子敲开冰壳，那就更难了。

冬季捕捉灰山鹑简直轻而易举，但这是违法的。法律严禁人们在冬季捕捉弱小无助的灰山鹑。

聪明又有爱心的猎人们，还会想办法在冬天给鸟儿们准备食物。他们在田间设立食堂：用云杉树枝搭建小窝棚，并把燕麦和大麦撒在里面。

如此一来，即使在最寒冷的冬季，美丽的灰山鹑也不会被饿死。等到来年夏天，每一对灰山鹑又会孵育出20只以上的小山鹑。

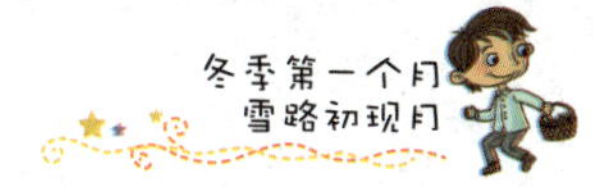

集体农庄新闻

耕雪机耕雪

昨日，我们看望了闪光集体农庄的拖拉机手米萨，他是我的一位老同学。

为我们开门的是米萨的妻子，她很喜欢说玩笑话。

“米萨还没有回来，”她说，“他在耕地呢！”

我想：“她又开玩笑了。可这个玩笑开得一点常识都没有，幼儿园里和刚会爬的宝宝大概都知道，冬天是不耕地的！”

所以，我也用开玩笑的语气说：“在耕雪吗？”

“不然耕什么呢？当然是耕雪咯！”米萨的妻子回答。

我去找米萨。

你也许会感到奇怪——我的确去了田里，他确实在那儿。

他正开着一台拖拉机，拖拉机后坠着一只长长的箱子，箱子将雪拢到一起，筑成一道厚实的高堤。

“米萨，这个有什么用？”我问道。

“这道雪墙能够挡风。如果没有它，风就会在田里肆意游荡，把积雪全刮走。没有了雪，秋播谷物就会冻死。得让雪留在田里。所以，我得开着‘耕雪机’耕雪呀！”

知识拓展

冬天不耕地：有些耐寒的作物虽然可以在冬天生长，但因为冬天太过寒冷，土地会被冻得十分坚硬，因此无法耕种。

猎事记

带着旗子打狼

有几头狼在村庄附近出没，时常会叼走村里的小绵羊和小山羊。村庄里没有会打猎的人，只得去城里寻求帮助。

当晚，城里就赶来一队很擅长狩猎的士兵。队伍里有两辆雪橇，雪橇上装着缠满绳子的粗重卷轴，绳子上每隔半米就系着一面红布小旗。

辨认雪路上的脚印

村民们为士兵们提供了狼的线索，他们顺着狼爪印一路向前寻找，两辆雪橇在后面随行。

狼爪印呈一条直线，横穿田野，最后通往森林。看第一眼时，以为经过这里的只有一头狼，可有经验的猎人细心一瞧，就能分辨出从这里经过的是一窝狼。

在森林里，爪印变成五条。猎人们看了看就说："最前面的那头是母狼，它的爪印窄窄的，步子间距大，脚窝是斜的。"

猎人们通过这些特征认出了母狼的爪印。

猎人们察看完爪印后，分两组坐在雪橇上，绕着森林转了一圈。

狼爪印并没有在森林里消失。可见，整窝狼仍然

> **知识拓展**
>
> 脚窝：野兽从雪中拔出脚掌时，常会带出一些雪粒，于是就在雪上留下小窝似的脚印，被称为脚窝。

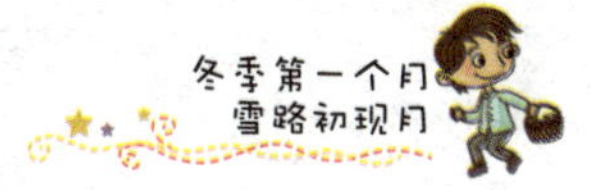

藏在这片森林里。得赶快对它们进行围猎。

围猎

每一组猎人都带了一个卷轴。雪橇在慢慢前进，卷轴在转动，绳子被一点点地放出来。猎人把绳子绕在灌木丛、树干和树桩上。这样，长长的小旗子都舒展开来，离地约半俄尺高，在风中晃荡着。

> **知识拓展**
> 俄尺：俄罗斯的传统长度单位。1俄尺≈71厘米。

在村子附近，两组猎人会合了。他们用绳子和小旗把整个森林都包围了。

猎人们叮嘱农庄的庄员们，第二天天刚亮就要动身，自己则去睡觉了。

在夜晚

这个夜晚特别冷，月光皎洁。

睡醒了的母狼率先站起身，公狼跟着起了身，今年刚出生的三只小狼，随后也起身了。

四周是茂密的丛林。在云杉树蓬松的树梢上方，悬着一轮圆月，看着很像光线暗淡时的太阳。

狼的肚子饿得“咕咕”叫个不停，真不好受啊！

母狼抬起头，对着月亮嗥叫着，公狼也用低沉的声音嗥叫起来，小狼们也跟着叫，声音又尖又细。

村里的牲畜听到狼嗥声吓坏了，“哞哞”“咩咩”的叫声连成一片。

母狼带头出发了，小狼们走在中间，公狼跟在最后。

它们小心翼翼地行走着，后面那只狼的脚正好踩在前面那只狼的脚印上。它们穿过森林，向村庄进发。

突然，母狼停下不走了，公狼和小狼也跟着站住了。

母狼凶狠的眼睛警惕地看向四周。它的鼻子敏锐地嗅到了红布上的酸涩味。它发现前面森林的边缘，有红色的布片挂在灌木上。

母狼上了年纪，见识也多，可这种情况它从没遇到过。然而它知道，哪儿有布片儿，哪儿就有人。他们或许就在田里躲着，守着它们呢！

得往回走。

它转过身，大步跳跃着奔向密林。公狼和小狼紧随其后。

它们速度飞快，横穿整个森林后，却不得不在森林的另一边再次停下来。

还是布片儿！好多啊！像伸出的舌头似的挂在那儿。

这几头狼四处奔走逃窜，头都转晕了。然而一次次横穿森林见到的，全都是布片儿，根本没有出路。

母狼感觉情况不妙，它迅速蹿回密林深处，卧了下来。公狼和小狼也跟着卧倒了。

它们无法走出包围圈，只好挨饿了。谁知道这些人到底想做什么？

它们的肚子饿得咕咕直叫。天真冷啊！

知识拓展

狼的社会性：狼是社会性极强的动物，狼群通常以家庭为单位由优势对偶领导，头狼的性别并不一定是雌性或雄性。狼既可以独居，也可以成对活动，也可以群居，冬季多是群体活动。

第二天清晨

天刚蒙蒙亮，两支队伍就从村里出发了。

人数较少的一队，都穿着白色的外衫。他们绕着森林走了一圈，悄悄地解下挂着的绳子和小旗，又在灌木丛外的小山边，布成链状。这个队伍里都是真正的猎人。他们穿白衣衫是因为在冬季的森林里，其他颜色都太显眼。

人数较多的一队是手持尖木棍的农庄庄员们，他们待在田野里，蓄势待发。随后，只听队长一声令下，大家就闹哄哄地直冲进森林里。他们在森林中边跑边喊叫，还用木棍不断地敲打树干。

捕杀

狼正在密林里打盹儿，突然从村庄方向传来阵阵喧闹声。

母狼猛地蹿起来，带头冲向林中的另一侧。公狼和小狼紧紧地跟在母狼身后。

它们竖起脊背上的鬃毛，紧夹尾巴，两只耳朵也高高竖起来，两眼直冒凶光。

它们逃到了森林边缘，却又被红布片拦住去路。

快转身，往回跑吧！

喧闹声越来越近，听得出有很多人往这边来了。

还是往村庄相反的方向逃吧！

它们再次逃到树林边缘——这里没有红布片。

直接向前逃！

于是，这几头狼直接冲向了埋伏点。灌木丛后喷出一道道火光，枪声“砰砰”响了起来。公狼高高蹿起，又“扑通”一声坠到地上，不动了。几头小狼在地上打起滚来，“嗷嗷”直叫。

士兵们的枪法都很准，小狼们都没能逃掉，只有母狼不见了。可它是怎么逃掉的，却没有任何人看见。

此后，村里的牲畜再也没有丢失过。

知识拓展

鬃毛：动物身上的硬毛，紧张时会竖起。生活中常见的马鬃、猪鬃等，常用于制作各种刷子。猪鬃刷是为枪炮机器乃至飞机军舰擦洗刷漆的最佳工具，在战争年代是与军火同等级别的重要军事物资。抗战期间每年约能为中国带来3000万美元的外汇收入。

在《森林报》上，我们总能看到各种关于狩猎的故事，这是因为在俄罗斯，狩猎在人们的生活中有很大的意义。十月革命之前，俄罗斯就形成了狩猎学学科，一些高等院校的林学院或农学院还有狩猎学课程或训练班。苏联成立后，于1920颁布了第一部狩猎法，规定了保护、繁殖、利用相结合的狩猎原则，培养了许多专门的技术人才和管理干部。狩猎所得的毛皮是苏联重要的出口商品，为苏联换得大量外汇。

回味思考

人们是怎样根据狼谨慎的特点来捕猎它们的？

你在雪后的大地上留下过字吗？

写作素材

好词

皑皑白雪　漫漫长冬　粉妆玉砌　轻而易举　酸涩

好句

雪后的大地粉妆玉砌。田野和林中空地就像一册摊开的巨书的纸页，平整洁净，毫无痕迹。

冬季第二个月

饥饿难耐月

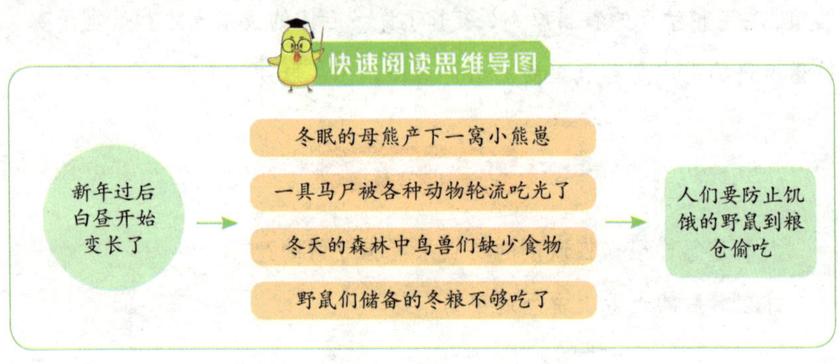

一年——分为十二个章节的太阳诗篇

> **知识拓展**
> 新年：公元前46年，恺撒大帝为祝福罗马神话中的门神Janus，把1月（January）定为新年。

1月。

民间都这样说：1月是从冬季到春季的转折点，是一年的开端，也是冬季的正中间。

新年到来后，白昼就像跳跃的兔子——忽地变长了。大地、森林和河水都被积雪所覆盖，周遭万物仿佛都沉入了永久的酣眠当中。

所有生命在最难熬的时刻，都懂得用死亡伪装自

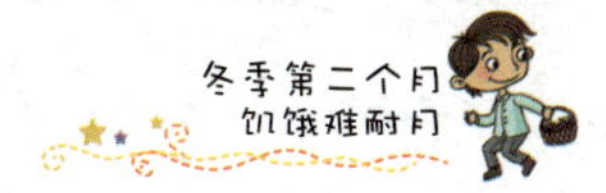

己。花草枯败，树木也不再生长。然而它们都没有死去。

它们被积雪覆盖着，看上去充满了死气，实际上却蕴藏着勃勃生机，这是它们积蓄的生长和繁衍的力量。松树和云杉完好地保存着自己的种子，将它们握在拳头状的球果里。

冷血动物们都躲藏起来，它们被冻僵了，但它们都活着，就连螟蛾这种弱小的生命也活着，只是藏身到各种各样的避难所里了。

鸟类的血液是热的，因此它们从不冬眠。很多兽类，比如小小的老鼠，整个冬天都在东奔西窜地活跃着。还有一件事叫人觉得奇怪：在积雪下的熊洞里冬眠的母熊，在 1 月份的严寒气候下，居然产下一窝还没睁眼的小熊崽，尽管它们整个冬天什么都不吃，但却要一直给小熊喂奶到开春！

林中大事记

吃饱就不怕冷

吃饱肚子对鸟兽来说是最要紧的。饱餐一顿可以使它们体内发热，血液变得温热，热量会通过血管送到全身。皮下的脂肪，是它们温暖的毛皮或羽绒外衣里最好的里子。寒气也许能透过毛皮，钻过羽毛，但不论寒气有多凛冽，也绝对穿不过皮下的脂肪组织。只要食物充足，冬天就不可怕。然而，冬天它们上哪

> **知识拓展**
> 热量：生命活动所需能量，能维持体温正常和向外界散发热能，主要来源于食物。

儿找食物去呢？

狼和狐狸在森林里徘徊游荡，可森林里空荡荡的，鸟类和兽类要么躲起来了，要么飞走了。渡鸦在白天飞来飞去，雕鸮在夜空中来回穿梭，它们都在觅食，可哪里还有食物！

冬天的森林里，鸟兽们饿啊，太饿了！

> **知识拓展**
>
> 渡鸦：雀形目中体型最大的鸟类，全身黑色，有较强的智力和社会性活动，不丹国鸟。

一个又一个

渡鸦最先发现了那具马尸。

“呱！呱！”一整群渡鸦飞过来，准备享用一顿丰盛的晚餐。

已经是黄昏了，天色渐黑，月亮爬上了天空。

忽然，森林里传来几声叹息：“呜……呜，呜，呜……”

乌鸦们吓得飞走了，一只雕鸮从森林里飞出来，直接落在马尸上。

雕鸮开始独享自己的美味，它用如钩的尖嘴撕着肉，头顶的羽毛竖起，圆溜溜的眼睛里冒着凶光，它正准备饱饱地吃一顿，雪地上突然传来一阵“沙沙”的脚步声。

雕鸮飞到了树上。一只狐狸扑到了马尸上。

狐狸“咔嚓咔嚓”地撕扯咀嚼着马肉，可它还没来得及吃饱，狼又来了。

狐狸急忙钻进了灌木丛。狼扑到了尸体上。美食当前，它全身的毛发都竖了起来，锋利的牙齿像刀子

一样，用力撕咬着马肉，喉咙里不断发出满足的“呼噜呼噜”声，连周围的声音也听不见了。吃了一阵，它抬起头，把牙咬得“咯咯”响——谁都别靠过来！然后，它又低头大口撕咬起来。

似乎哪里不对劲——狼头顶上方猛地传来一声低吼。

狼吓得险些趴下，它赶忙夹紧尾巴，一溜烟逃掉了。

森林之王——狗熊，大模大样地来了。

这回，谁也别想靠近马尸了。

黑夜将尽时，熊总算吃饱了肚子，满意地去睡觉了。狼一直躲在旁边候着。

熊走了，狼就来吃了。

狼吃饱了，狐狸又来了。

狐狸吃饱了，雕鸮飞来了。

雕鸮吃饱了，渡鸦们才敢聚拢过来。

就这样，黎明已至，这顿免费大餐被动物们轮流吃得干干净净，只留下一堆残渣剩骨。

知识拓展

老鼠过冬的洞穴：老鼠并不是冷血动物，因此不需要冬眠，但会尽量减少生命活动，以降低热量消耗。老鼠在冬天会迁入避风避寒的地方，除非遇到食物不足或洞穴坍塌等问题，否则不会轻易出洞。

野鼠搬出森林

现在，森林里很多野鼠储备的冬粮都不够吃了。为了躲开食肉动物，如伶鼬、黄鼠狼等，野鼠都逃出了自己的洞穴。

可是，大地和森林全被积雪盖住了，哪有食物？于是，饥饿的野鼠大军搬离了森林。人类的粮食仓库将面临来自野鼠的威胁，我们应当更加警惕。

跟随着野鼠足迹而来的是食肉动物伶鼬。可如果想将所有的野鼠都消灭掉，伶鼬的数量就太少了。

赶紧保护好自己的粮仓，以免被啮齿动物祸害！

森林历的这一个月是饥饿难耐月，动物们的食物都严重不足。但幸运的是，食肉动物们发现了一具马尸。这具马尸为渡鸦、雕鸮、狐狸、狼、熊等动物提供了食物。而在吃马尸的过程中，我们也能够看出强者优先的丛林法则：渡鸦们最先发现马尸，但雕鸮来了，它们就只能让出马尸；狐狸来了，雕鸮就只能先飞到树上等着；狼来了，狐狸就要避开；熊来了，狼就要跑掉。只有熊吃饱了，狼才能吃；狼吃饱了，狐狸才能过来；狐狸吃饱了，雕鸮才能靠近；雕鸮吃饱了，渡鸦才敢聚拢过来。一具马尸就这样被动物们吃得干干净净。这是生态循环中重要的一环，所有的动物都需要吃其他的动植物才能生存下来。假如一个地方食肉动物过少，或因森林火灾等导致的死亡动物过多，使尸体不能被及时吃掉，分解的尸体产生的酸性物质和微生物就会对周围环境造成不良影响，导致植物大量死亡。尸体腐烂导致的细菌滋生也会传播疾病，导致动物生病甚至死亡。

·回味思考·

你知道养分是如何在不同动物之间循环的吗？

从吃马尸的顺序来看，不同的动物之间有着怎样的地位差异？

说说作者是如何描写从渡鸦发现马尸到马尸被吃干净这一过程的。

·写作素材·

好词

周遭　酣眠　难熬　蕴藏　东奔西窜　凛冽　穿梭　一溜烟

大模大样　聚拢　残渣剩骨　威胁　警惕　祸害

好句

新年到来后，白昼就像跳跃的兔子——忽地变长了。大地、森林和河水都被积雪所覆盖，周遭万物仿佛都沉入了永久的酣眠当中。

已经是黄昏了，天色渐黑，月亮爬上了天空。

冬季第三个月

残冬煎熬月

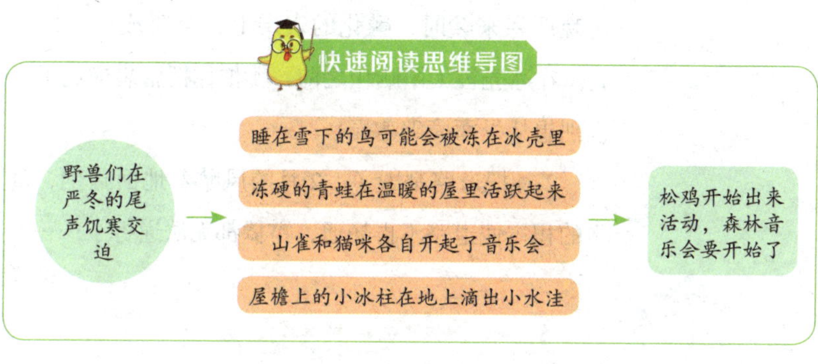

一年——分为十二个章节的太阳诗篇

2月，严冬已近尾声，但狂风暴雪仍在继续，风在雪地上驰骋，却留不下痕迹。

这是冬季的最后一个月，也是最可怕的月份。

对野兽们来说，这是饥寒交迫直达顶峰的月份。在这个月，狼要婚配。为了填饱肚子，摄入养分，它们常去偷袭村庄和小城镇，深夜打劫羊圈，有时连狗都叼走。野兽们全都变瘦了。秋季前贮存的脂肪已所

知识拓展

2月：2月有立春和雨水两个节气。平年有28天，闰年有29天，每400年中还要取消3个闰日。

剩无几，既无法保暖，也不能提供营养。小型野兽在洞穴里和地下粮仓的存粮，也都见底了。

对鸟兽们来说，白雪原本是保存热量的朋友，可在这个月里，它们摇身一变，成了敌人。树枝因不堪积雪的重负，很多被折断了。一些野生禽类，如山鹑、松鸡、琴鸡等，很喜欢深雪，因为它们可以一头钻进雪里，安安稳稳地睡觉！

但偶尔也会有灾难降临。白天积雪会被晒化，当夜晚严寒来袭时，融化的表层上又会凝成一层硬冰壳。在冰壳被太阳晒化之前，哪怕你把脑袋撞扁了，也别想从里面撞破冰壳！

2 月把道路都毁了。2 月的风贴着地面猛刮，乱飞的积雪使道路不再畅通，雪橇都无法通行了……

林中大事记

熬过残冬

森林历上的最后一个月，也是最艰难的一个月——残冬煎熬月来临了。

森林里动物们储备的冬粮都快没了。所有鸟类和兽类都瘦了——皮下没有了能提供热量的脂肪。由于长时间在忍饥挨饿中度日，它们的体力较以往更差。

而这时，暴风雪仍在恣意地刮，气候也更加严寒，仿佛在故意刁难。在冬季的最后一个月里，冬老人更是无所顾忌，它抓紧机会，用最寒冷的天气施威。

> **知识拓展**
>
> 脂肪：生物体的储能物质，由甘油和脂肪酸构成，每克提供的能量超过蛋白质或糖类两倍，也是食用油的主要成分。

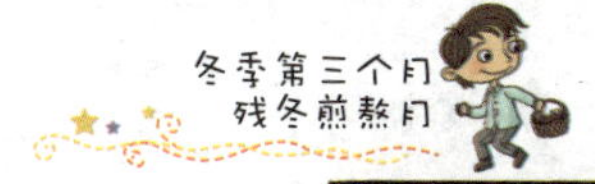

所有的鸟兽现在要坚持住，用体内最后的力量熬到残冬过去，春天来临。

我们的通讯员把整个森林探查了一遍。他们很担心一个问题：这些鸟类和兽类，能熬到天气回暖吗？

在森林里，他们看到了很多悲惨之事。有些动物耐不住饥饿和寒冷，丢了性命。剩下的动物们，能再撑一个月吗？当然可以，你不用为它们担心，它们不会死掉的。

像玻璃的小青蛙

有一回，我们的通讯员敲碎了池塘的冰面，并从下面挖了些淤泥，淤泥里藏着许多正在冬眠的小青蛙。我把它们从稀泥中取出来，发现它们的身体变得

很脆，就像玻璃。轻轻碰一下，它们那细细的小腿儿就能折断，发出“咔吧”的声音。

我们的通讯员把几只冻硬的青蛙带回家。他们小心翼翼地把青蛙放在温暖的屋里，让它们的身体慢慢回暖。青蛙逐渐苏醒后，开始活跃地在地板上蹦跳。

由此可见，当春天到来时，池里的坚冰被太阳融化，池水也变得暖和了，青蛙就会从冬眠中醒来，变得活泼又健康。

苦中有乐

但凡天气回暖一些，积雪化开一些，森林中的雪底下，各种等不及的虫子就都会钻出来。

倒地的粗大枯木下，积雪都被大风刮走了，于是，没有积雪的小角落出现了——这就是虫子们散步透气的地方。

昆虫们纷纷活动着它们麻木的腿脚：蜘蛛为寻找食物到处奔忙，没翅膀的小蚊子直接光脚在雪地里跑跳，有翅膀的长脚舞蚊则在空中飞舞着。

当严寒再次降临，它们的欢乐时光只得告终，虫子们纷纷躲藏，重新钻进枯叶下、草丛里、苔藓里和泥土里。

知识拓展

惊蛰：又名启蛰，二十四节气之一，于3月5～6日交节。此时天气回暖，开始有了春雷，惊醒了蛰伏于地下的生物。这也是惊蛰一名的由来。在中国属于春季，是春耕开始的标志。

春天的征兆

尽管这个月还十分寒冷，但已经比隆冬时好了太多。地上的积雪仍然很厚，但已不再洁白和耀眼。

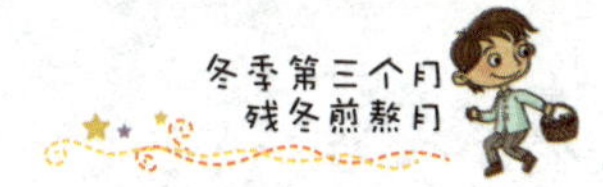

如今，积雪变得灰暗且蓬松，表面有很多蜂窝状的孔洞。屋檐上挂着的小冰柱正往下淌着水，滴答，滴答。你仔细看去，地上已经有了一个个小水洼！

太阳照耀的时间不断增长，天气也越来越暖和。天空不再是惨淡的灰色，而是一天比一天蔚蓝。云朵铺展开来，层次分明，若你留心细看，偶尔还有层层叠叠的大云团飘过呢！

太阳刚升起来，山雀们就欢快地在窗外唱起歌来："斯德恩，舒巴克！斯德恩，舒巴克！"好像在对人们说，把棉袄脱了吧，能脱棉袄啦！

夜晚，猫咪在屋顶上开起了音乐会，偶尔还会传来猫咪打架的声音。

森林里偶尔会响起啄木鸟轻快地敲击树干的声音。虽然它们只是用喙敲树干，但听起来有板有眼，很像一首歌呢！

密林里，在云杉和松树下的雪地上，不知被谁画了许多神秘的印记，都是些没法解释的图案。看到这些痕迹的猎人一定会愣住，然后心脏跟着狂跳：这可是松鸡留下的痕迹！它们脖子上的长羽毛就像人的大胡子，它的模样就像一只骄傲又轻慢的雄鸡。它用强劲的翅膀在雪地上划出了这些痕迹！这样看来，松鸡们很快就要开始交配了，神秘的森林音乐会也即将拉开帷幕。

知识拓展

云族：根据云层高度不同对云进行的分类称为云族。可分为高云族、中云族、低云族和直展云族四类。云层高度在2000米以下为低云族；2500～5000米的为中云族；6000米以上的为高云族；直展云族的云底在2000米以下，云顶却可延伸至中云族甚至高云族范围。

一眨眼，森林已经走过了一年的时光。一年，就是地球绕太阳公转一周的时间，是四季循环往复的一次轮回，也是气候由冷变热然后又变冷的过程，更是许多一年生植物由生到死的一生。一年过去了，整个大地都被冰封在冰雪之下，但我们在森林历的年尾，也欣喜地看到了春天的征兆，这预示着下一个四季的到来。

回味思考

青蛙都已经被冻硬了，为什么不会死？

你有没有听过猫咪们的音乐会？

写作素材

好词

严冬　驰骋　饥寒交迫　所剩无几　忍饥挨饿　有板有眼

好句

倒地的粗大枯木下，积雪都被大风刮走了，于是，没有积雪的小角落出现了——这就是虫子们散步透气的地方。

知识考题

一、选择题

1. 根据生物在形态结构和生理功能上的相似程度将生物进行分类，亲缘关系由远及近可分为域、界、门、纲、目、科、属、种八个主要级别。以下说法均不正确的是（　　）。

①鲤鱼、鲈鱼、梭鱼都属于硬骨鱼纲。

②因为人与蘑菇同属于真核生物域，因此二者亲缘关系近。

③雀形目、鸮形目、隼形目、雨燕目均属扇尾亚纲。

④蒲公英属植物有白色乳状汁液，因此，同属菊科的向日葵属植物也应有白色乳状汁液。

⑤啮齿目，顾名思义，该目生物的牙齿是区别于其他动物的最大特点之一。

⑥灰山鹑是山鹑属鸟类的一种，因此，灰山鹑也具有山鹑善奔跑的特点。

⑦芸薹科是十字花科下的一类植物。卷心菜和芜菁都是芸薹属植

物，因此也都属于十字花科。

⑧啄木鸟是一种留鸟，又是鴷形目鸟类，因此鴷形目都是留鸟。

A. ①③⑥　　　　B. ②④⑤

C. ③⑥⑦　　　　D. ②④⑧

2. 在鸟的八种生态类群中，中国有六种。下列生态类群与鸟的对应不正确的是（　　）。

A. 游禽—鸭，涉禽—鹤，陆禽—鸡

B. 猛禽—鹰，攀禽—啄木鸟，鸣禽—八哥

C. 游禽—鸸，涉禽—鸿雁，陆禽—孔雀

D. 猛禽—猫头鹰，攀禽—鹦鹉，鸣禽—百灵

3. 欧洲与中国划分四季的方式不同，《森林报》以春分为春季的开始，而中国则以（　　）为春季的开始。

A. 新年　　　　B. 立春

C. 惊蛰　　　　D. 清明

4. 下列捕猎工具中，（　　）不能用来捕鱼。

A. 囮子　　　　B. 鱼叉

C. 簖　　　　D. 钓钩

二、填空题

1. ________是苏联的俄罗斯加盟共和国的一个州，首府在________，也就是今天的________。

2. 马尔基佐夫湖指的是________中从________河口到________岛之间的水域。

3.《森林报》刊载了许多关于浆果的事情，其中涉及许多种类的浆果，比如________。

三、判断题

1. 南非洲是指非洲南部地区，通常包括马拉维、赞比亚、博茨瓦纳、莱索托、马达加斯加、毛里求斯、安哥拉、莫桑比克、科摩罗、津巴布韦、南非、纳米比亚、圣赫勒拿（英）、留尼汪（法）等。（　　）

2. 白桦扫帚是苏联人常用的一种扫帚，因苏联多白桦树，因此扫帚大多全以白桦枝叶扎成。（　　）

3. 水蜘蛛和水老鼠都是长期生活在水中的动物。（　　）

4. 獾是一种生性好洁的动物，因此狐狸以在獾洞里拉屎的方式赶走了獾。（　　）

参考答案

一、选择题

1.D　　2.C　　3.B　　4.A

二、填空题

1. 列宁格勒州　　列宁格勒　　圣彼得堡

2. 芬兰湾　　涅瓦河　　科特林

3. 草莓、黑莓、覆盆子、树莓、云莓、越橘、醋栗、茶藨果等

三、判断题

1.. √　　2. ×　　3. ×　　4. √

读后感

《森林报》按照春、夏、秋、冬的顺序，用报纸新闻式的方式讲述了森林里的动物、植物，以及它们与人类的故事。作者就像书中的通讯员，带着我们了解自然。从他的介绍中，我知道了小尾巴似的柔荑花序，原来就是我们平时见到的杨树上一条一条的东西；兔子和鸟类竟然还会换装——冬天穿白色，夏天穿灰色；开在田里的不只有拖拉机，还有拔麻机、收割机；还有用爪子和翅膀在雪地这本书上挥毫泼墨的书法家们。

以前，我只知道候鸟是冬天飞去南方过冬，夏天再飞回来，却不知道它们开始迁徙的时间并不相同，迁去的地方也不相同，也没想过它们在途中还会遇到天敌、觅食、搭窝等问题。这真是一项大工程！

《森林报》里的很多故事很好玩，比如猫咪在屋顶上举行的音乐会，有时还会有猫咪打架的声音。它们是因为喜欢的乐曲不同打起来的吗？还有没知识的小狐狸，看到足迹就认定是老鼠，结果咬了一嘴臭鼩鼱。狐狸竟然用那么臭的方法赶走老獾，占了人家的窝，实在是太坏了！

苏联的小学生们在一年中的活动也让我印象十分深刻。他们种树，采浆果，掘蔬菜。胡萝卜竟然能有膝盖高，芜菁比头还大，这些都是我从来没有见过的。

《森林报》真是一本与众不同的科普书!

快乐读书吧

一年级

- 和大人一起读
- 读读童谣和儿歌

二年级

- 小鲤鱼跳龙门
- 一只想飞的猫
- 小狗的小房子
- “歪脑袋”木头桩
- 孤独的小螃蟹
- 金波作品集
- 神笔马良
- 愿望的实现

三年级

- 格林童话
- 安徒生童话
- 稻草人
- 中国古代寓言故事
- 拉·封丹寓言
- 伊索寓言
- 克雷洛夫寓言

四年级

- 世界神话传说
- 希腊神话与英雄传说
- 中国神话故事
- 森林报
- 细菌世界历险记
- 十万个为什么
- 穿过地平线
- 爷爷的爷爷哪里来

五年级

- 中国民间故事
- 非洲民间故事
- 列那狐的故事
- 一千零一夜
- 西游记
- 三国演义
- 红楼梦
- 水浒传

六年级

- 小英雄雨来
- 爱的教育
- 童年
- 小王子
- 爱丽丝漫游奇境记
- 骑鹅旅行记
- 鲁宾逊漂流记
- 汤姆·索亚历险记

推荐选读

- 小巴掌童话
- 地心游记
- 呼兰河传
- 欧洲民间故事
- 雷锋的故事
- 地球的故事
- 闪闪的红星
- 小马过河
- 金银岛
- 狐狸打猎人
- 八十天环游地球
- 童年河
- 小布头奇遇记
- “下次开船”港
- 吹牛大王历险记
- 中国民俗故事
- 绿山墙的安妮
- 小鹿斑比
- 中国成语故事
- 格列佛游记
- 秘密花园
- 柳林风声
- 水孩子
- 大林和小林
- 宝葫芦的秘密

阅读，是与伟大的灵魂交谈，让自己慢慢成长渐渐圆实，终将建构一个温暖而有力的精神世界。因为阅读，你会勇敢面对一切，从容乐观走向生活，成为一个丰富有趣、热爱生命的人。

▽特级教师 优秀班主任……**陈振林**

读书，会让你成为一个精神富足、心灵充实的人；一个人，一旦精神富足、心灵充实起来，将来无论做什么，都不会做得太差。

▽中国人民大学附属中学语文特级名师……**于树泉**

捧起好书读起来，并且一直读下去，在你成长的路上必定是姹紫嫣红，鲜花盛开！

▽人民教育出版社编审 小学语文课本主编……**崔峦**

从小养成快乐读书的好习惯，爱读书，会读书，读好书，与经典同行，伴书香成长，通过读书，丰富知识，开阔视野，感悟人生，提升境界。

▽中国教育学会原常务副会长……**郭永福**

读书可以提高我们的思想品德，培养思维，扩大视野，从小书本走向大世界。

▽国家教育咨询委员会委员……**顾明远**

上架建议◎文学名著·学生阅读

扫码点目录听音频

ISBN 978-7-5020-8605-3

定价：28.80元

责任编辑：高红勤

封面设计：松 雪